out of foamed milk
espresso 30 ml
RESSO
ACCIATO

vanilla ice cream

espresso 30 ml

ESPRESSO
AFFOGATO

111 CAFE MENU RECIPE

*111*가지
카페메뉴
레시피

espresso 60 ml

ESPRESSO
DOPPIO

hot water 60 ml

espresso 30 ml

AMERICANO

concentrated
espresso 22 ml

ESPRESSO
RISTRESTO

little brandy

espresso 30 ml

ESPRESSO
CARAJILLO

little foamed milk
hot milk 60 ml

espresso 30 ml

ATTE

머리말

커피

목동 칼디, 염소, 달콤한 레드베리

불, 향기로운 냄새

에티오피아, 이슬람, 오스만튀르크 제국

아라비카, 로부스타

제즈베, 이블릭

프렌치프레스, 핸드드립, 사이폰, 모카포트

커피추출기구가 다르면 커피 맛도 달라진다.

에스프레소 머신의 발명!!

추출방식은 놀라운 발전을 가져왔다. 최근 에스프레소 기반 커피에 대한 인기가 높아지면서 커피 매장 또한 빠른 속도로 증가하고 있으며 그와 더불어 커피 마니아들도 새로운 커피문화 트랜드를 만들어 가고 있다.

카페 메뉴는 에스프레소를 출발점으로 하여 핫 메뉴, 아이스 메뉴들로 나누어지며 우유, 휘핑크림, 초콜릿, 바닐라, 캐러멜, 향신료, 과일 등을 첨가하여 다양한 메뉴가 개발되어 지고 있다.

이러한 시대적 흐름에 부응하여 누구나 손쉽게 카페 메뉴를 만들 수 있는 저서가 요구되고 있다. 이에 본 저서는 에스프레소 기본 메뉴에서 출발하여 앞서 언급한 다양한 응용

메뉴까지 다루었다. 또한 커피가 각 나라에 전파되면서 그 나라 고유의 문화와 접목하여 탄생한 독특한 커피 메뉴도 소개하였다.

커피를 사랑하는 모든 분들에게 좀 더 쉽게 커피 메뉴를 이해하고 습득하여 직접 만들 수 있도록 사진과 그림 등을 순서대로 상세하게 설명하였다. 종래의 저서들은 완성된 멋진 메뉴만 소개하거나 만드는 과정을 압축하여 기술함으로써 직접 책을 보면서 만들기 어려운 점이 없지 않았다.

본 저서의 특징은 바리스타들이 간과할 수 있는 커피 용어의 표준화 그리고 잘못 알려진 메뉴의 유래 등을 최대한 바로잡기 위해 노력하였다. 또한 바리스타 국가직무능력표준(NCS)에 근거한 메뉴 레시피도 병행하여 소개하였다.

오늘의 작은 결과물을 시발점으로 삼아 앞으로 전 세계의 커피 문화를 느낄 수 있는 수많은 카페 메뉴를 독자에게 소개하기 위하여 최선을 다할 것을 독자여러분 앞에 다짐한다.

부족함과 실수가 구석구석 산재해 있음을 인정하고 독자와 커피학계 및 산업계 고수들의 지도를 겸허히 기다리겠다.

2019년 5월
조영대

Contents

Contents

111가지
카페메뉴
레시피

111 CAFE MENU RECIPE

001

블랙 러시안

- 커피 리큐어 깔루아(Kahlua)의 단맛이 알코올 함량이 높은 보드카를 부드럽게 하여
감칠 맛 나는 좋은 칵테일

메뉴명

· Black Russian

재료 · 기계 및 도구

- 에스프레소 머신
- 올드 패션드 글라스(Old Fashioned Glass)
- 지거 글라스(Jigger Glass) 또는 샷 잔
- 에스프레소 원두
- 보드카(Vodka)
- 깔루아(Kahlua)
- 각 얼음

Recipe

- 에스프레소 : 2샷(추출량 : 50~60ml, 크레마 포함)
- 보드카 : 30~40ml
- 깔루아 : 15~20ml
- 각 얼음 : 4개 정도
- 일반적으로 보드카와 깔루아의 비율은 2:1
- 직접 넣는 기법(Building)

 만들기

① 올드 패션드 글라스(Old Fashioned Glass)에 얼음을 가득 넣는다.

② 올드 패션드 글라스에 보드카 30~40ml를 계량하여 붓는다.

③ 커피 리큐어인 깔루아 15~20ml를 계량하여 붓는다.

④ 바 스푼으로 가볍게 저어 완성한다.

 tip

커피 리큐어는 깔루아를 많이 쓰지만 단맛을 싫어하는 고객을 위하여 단맛이 적은 티아 마리아(Tia Maria)를 사용하며, 아일랜드에서는 기네스(Guinness) 맥주를 사용하기도 한다.

알렉산더 커피

- 브랜디와 카카오를 섞은 아이스커피로 저어 마셔도 좋고, 젓지 않고 그대로 마시면 마실 때 마다 색다른 느낌의 맛을 느낄 수 있다.

 메뉴명

· Café Alexander

 재료·기계 및 도구

- · 에스프레소 머신
- · 하이볼 글라스(High Ball Glass)
- · 지거 글라스(Jigger Glass) 또는 샷 잔
- · 머그 컵 또는 믹싱 글라스(Mixing Glass)
- · 바 스푼
- · 에스프레소 원두

- · 브랜디(Brandy)
- · 크림 드 카카오(Cream de Cacao)
- · 휘핑 크림
- · 설탕 시럽 또는 설탕
- · 각 얼음

 Recipe

- · 에스프레소 : 2샷(추출량 : 50~60ml, 크레마 포함)
- · 브랜디 : 10ml
- · 크림 드 카카오(카카오 리큐어) : 10ml

- · 휘핑 크림 : 30ml
- · 설탕 시럽 : 20ml 또는 설탕 1티 스푼
- · 각 얼음 : 10개(커피 음료용 6개, 쿨링용 4개)

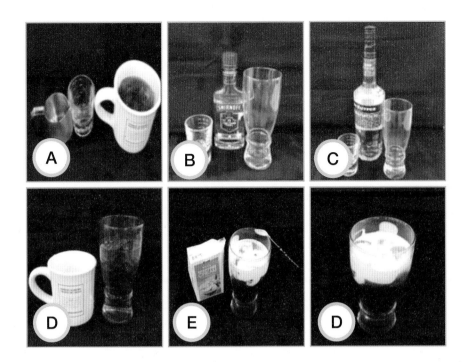

 만들기

① 하이볼 글라스(High Ball Glass)에 각 얼음 4개를 넣어 쿨링시킨다.

② 머그 컵 또는 믹싱 글라스에 에스프레소 2샷(추출량 : 50~60ml, 크레마 포함)을 추출하여, 설탕 시럽 20ml를 넣고 바 스푼으로 섞은 후 각 얼음 6개를 넣어 아이스 커피를 만든다.

③ 하이볼 글라스의 쿨링용 얼음을 빼고 브랜디 10ml를 넣는다.

④ ③의 잔에 크림 드 카카오 10ml를 넣는다.

⑤ ④의 잔에 아이스 커피를 넣는다.

⑥ 휘핑 크림 30ml를 바 스푼의 등을 대고 부어 올려 완성한다.

🍵 크림 드 카카오(Cream de Cacao) : 브랜디를 기본으로 하여 코코아 또는 바닐라 등을 사용하여 만든 리큐어

🍵 리큐어(Liquor) : 라틴어의 Liquere에서 유래하며, 증류주를 지칭한다. 보드카(Vodka), 데킬라(Tequila), 럼(Rum), 진(Gin) 등이다. 와인이나 맥주보다 알코올 농도가 높다.

🍵 하이볼 글라스(High Ball Glass) : 좁고 곧게 뻗은 키가 큰 유리 잔, 얼음이나 물, 소다 등을 섞어 만든 음료를 마실 때 사용한다.

003

카페 깔루아

• 깔루아는 럼(Rum)을 기초로 하여 만든 음료로 커피와 코코아,
바닐라 등을 섞은 멕시코산 커피 리큐어

 메뉴명

· Café Kahlua

 재료·기계 및 도구

· 에스프레소 머신   · 에스프레소 원두
· 그라인더   · 깔루아(Kahlua)
· 하이볼 글라스   · 우유
· 지거 글라스(Jigger Glass) 또는 샷 잔   · 각 얼음

 Recipe

· 에스프레소 : 2샷(추출량 : 50~60ml, 크레마 포함)
· 깔루아 : 30ml(1oz)
· 우유 : 100㎖
· 각 얼음 : 6개

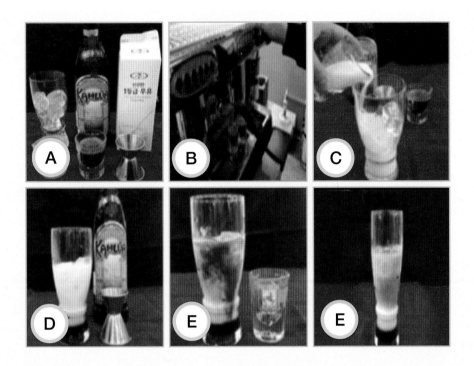

만들기

① 에스프레소 2샷(추출량 : 50~60ml, 크레마 포함)을 추출한다.

② 각 얼음 6개를 넣은 하이볼 글라스에 우유 100㎖를 넣는다.

③ 깔루아 30ml를 지거 글라스 또는 샷 잔으로 계량한다.

④ ②의 하이볼 글라스에 깔루아 30ml를 넣는다.

⑤ 에스프레소 50~60ml를 넣어 완성한다.

깔루아 맛의 비결과 재료는 아직도 비밀에 부쳐질 만큼 신비로운 술이다.

카페 로열

- 카페 로열은 프랑스의 황제, 나폴레옹이 좋아했다는 환상적인 분위기의 커피이다.
- 어두운 분위기에서 불을 붙이면 로맨틱한 환상에 젖어들게 하는 멋있는 커피이다.

 메뉴명

· Café Royal

 재료·기계 및 도구

- 푸세 카페 컵 또는 라떼 잔
- 카페로열 스푼
- 브랜디(Brandy)

- 커피(핸드드립 커피 또는 에스프레소)
- 라이터(성냥)
- 각 설탕

 Recipe

- 브랜디 : 15ml(1/2oz)
- 핸드드립 추출커피 120ml(또는 에스프레소 30ml에 뜨거운 물 90ml로 희석)
- 각 설탕 : 1개
- 직접 넣는 기법(Building)

 만들기

① 핸드 드립으로 서버에 커피 120ml(4oz)를 추출한다. 또는 에스프레소 30ml를 추출한다.

② 커피 잔에 추출한 커피 120ml를 담는다. 에스프레소의 1샷을 추출한 경우 뜨거운 물 90ml를 희석하여 120ml를 만든다.

③ 카페 로열 전용 티 스푼을 잔에 걸친 다음 스푼 위에 각 설탕 1개를 올려놓는다.

④ 각 설탕 위에 브랜디 15ml를 부어 준다.

⑤ 라이터(성냥)를 이용해 브랜디에 불을 붙인다.

⑥ 설탕이 녹을 때까지 기다렸다가 설탕이 어느 정도 녹으면 잔에 넣어 완성한다.

● 브랜디(Brandy) : 네덜란드어의 브랜디 바인(Brandewijn)이 어원이다. 훗날 영어의 브랜디로 변화했다. 브랜디 바인은 '불에 태운 술'이라는 뜻을 가지고 있다. 브랜디의 시초라 할 수 있는 것은 14세기 초, 스페인의 연금술사가 우연히 실험 도중 포도주를 증류시키면서 만들어졌다. 이를 벵 브류레(Vin Brule), 오드비(Eau de Vie)라 했다. 브랜디는 과실을 발효한 술을 증류해서 만드는 증류주이며, 알코올 도수는 약 35~60도 가량이며, 서구에서 식후주로 널리 소비된다.(위키백과)

005

카페 아포카토

- 차가운 아이스크림에 진하게 추출된 뜨거운 에스프레소를 부어서 떠 먹는 이탈리아식 디저트 커피
- 이탈리아 전통 아이스크림인 젤라또 또는 바닐라 아이스크림, 향이 강하지 않는 무지방 아이스크림 등을 사용한다.

 **메뉴명**

· Caffè Affogatto

 재료 · 기계 및 도구

- · 에스프레소 머신
- · 그라인더
- · 아이스크림 스쿱(Scoop)

- · 에스프레소 원두
- · 아이스크림
- · 토핑용 견과류

 Recipe

- · 에스프레소 : 2샷(추출량 : 50~60ml, 크레마 포함)
- · 아이스크림 : 1~2스쿱

- · 토핑용 견과류 : 적당량

 만들기(국가직무능력표준)

① 아이스 에스프레소와 동일한 잔을 사용한다.

② 준비된 잔에 아이스크림을 1~2스쿱 정도 떠서 잔에 담는다.

③ 아이스크림의 양에 따라 에스프레소를 1샷 또는 2샷을 받아 아이스크림 위에 부어 완성한다.

④ 먹을 때는 티 스푼으로 아이스크림과 커피를 같이 떠서 먹는다.

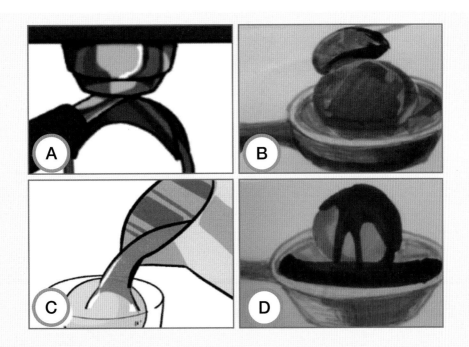

① 에스프레소 2샷(추출량 : 50~60ml, 크레마 포함)을 추출한다.

② 준비된 잔에 아이스크림을 1~2스쿱으로 떠 넣는다.

③ 아이스크림 위에 에스프레소를 붓는다.

④ 견과류를 토핑하여 완성한다.

☕ 각 나라별 커피단어
미국 : Coffee
독일 : Kaffee
오스트리아 : Kaffe
프랑스 : Café
이탈리아 : Caffè

 tip

에스프레소를 부어 완성하면 고객 테이블에 나갈 때 이미 아이스크림이 녹아 있다면 고객 불만이 발생할 수 있다. 아이스크림과 에스프레소를 다른 잔에 나가는 것이 좋다.

아메리카노

• 미국사람들이 즐겨 마시는 에스프레소 음료로
에스프레소에 뜨거운 물을 희석하여 드립커피 농도로 만든 음료

 메뉴명

· Caffè Americano   · Americano

 재료·기계 및 도구

· 에스프레소 머신   · 샷 잔 또는 스테인리스 벨 크리머
· 머그 잔 또는 270ml 음료 잔   · 에스프레소용 원두
· 그라인더   · 뜨거운 물(Hot Water)

 Recipe

· 에스프레소 : 1샷(추출량 : 25~30ml, 크레마 포함)
· 뜨거운 물 : 150~210ml(5~7oz)
– 에스프레소를 기준으로 했을 경우 에스프레소 : 물의 비율은 1:4~5 정도

 만들기(국가직무능력표준)

① 예열된 600ml 스팀 피쳐에 300ml(10oz) 정도 온수를 담는다.
② 270ml 잔에 에스프레소 1샷(25~30ml, 크레마 포함)을 추출한다.
③ 온수를 잔의 가장자리(Rim)로부터 1.5cm를 남기고 부어 완성한다.

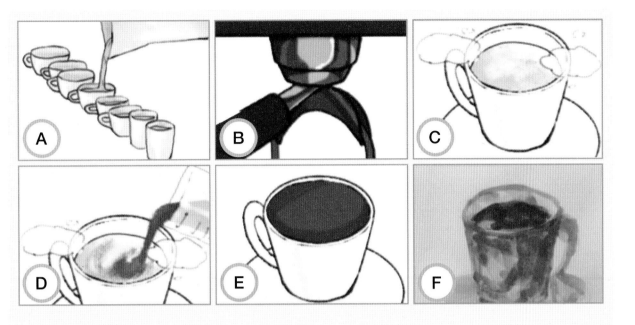

🍵 만들기

① 잔 예열과 잔 받침 및 티 스푼을 세팅한다.

② 에스프레소 1샷(25~30ml, 크레마 포함)을 추출한다.

③ 머그 잔에 뜨거운 물 150~210ml(8부 정도)를 받는다.

④ 뜨거운 물이 담겨 있는 머그 잔에 에스프레소를 붓는다.

⑤ 아메리카노를 완성한다.

☕ 한국에서 가장 인기있는 메뉴인 아메리카노. 살살 돌리면서 에스프레소를 부어주면 크레마가 살짝 떠 있다.

  tip

처음에는 낮은 곳에서 적은 양을 부어준 다음, 10cm 정도 높이 올려서 많이 부어 준다.

카페 라떼 마키아토 / 라떼 마키아토

- 마키아토란 '얼룩', '흔적'을 뜻한다. 우유 위에 에스프레소로 마크
- 우유와 커피가 층을 이루어 시각적 효과를 낸다. 카푸치노보다는 부드럽고 카페 라떼보다는 진한 메뉴

 메뉴명

· Caffè Latte Macchiato

· Latte Macchiato

 재료·기계 및 도구

- · 에스프레소 머신
- · 유리 잔(200~250ml) 또는 라떼 잔
- · 에스프레소용 원두

- · 설탕 시럽
- · 우유

 Recipe

- · 에스프레소 : 추출량 45ml(에스프레소 룽고)
- · 스팀 우유 : 120~200ml(9부)

- · 설탕 시럽 : 15~20ml

 만들기(국가직무능력표준)

① 설탕 시럽 15~20ml를 200~250ml 손잡이가 있는 유리 잔에 담는다.

② 한잔용 300ml 스팀 피쳐에 우유 120ml를 담고 스팀 밸브를 반만 열어 우유 거품을 만든다.

③ 우유와 우유 거품(Foamed Milk)을 잘 혼합하여 잔에 흔들면서 우유와 우유 거품을 같이 반 정도 붓는다.

→ 600ml 스팀 피쳐를 사용할 때는 보조용기에 100~120ml 정도를 따르고 다시 잘 흔들어서 우유와 우유거품을 같이 반 정도 붓는다.

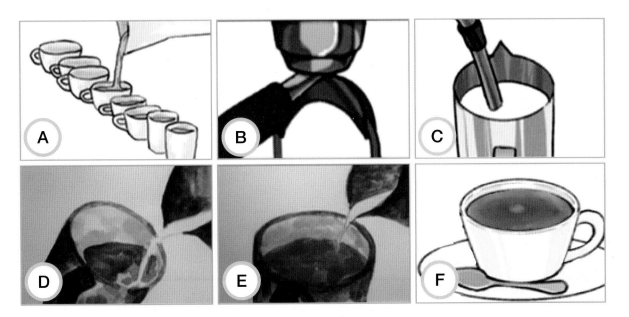

④ 시럽과 우유, 우유 거품을 바 스푼으로 잘 섞어준다.

⑤ 남은 우유와 우유 거품을 다시 잘 혼합하여 잔에 0.5cm를 남기고 흔들면서 부어 준다.

⑥ 에스프레소를 스테인리스 시럽 볼(벨 크리머)에 30ml 추출한다.

⑦ 잔에 우유와 우유 거품이 분리가 된 것을 확인하고 분리가 되면 5cm 위에서 천천히 부어 주면서 점점 빠르게 많이 부어 준다. 만약 에스프레소가 잘 안 들어갈 경우 낮게 해서 천천히 부어 완성한다.

만들기

① 라떼 잔 예열과 잔 받침 및 스푼을 세팅한다.

② 에스프레소 룽고를 추출한다.

③ 우유 스티밍을 한다.

④ 라떼 잔에 우유 거품(Foamed Milk)을 9부 정도 가득 붓는다.

⑤ 에스프레소를 우유 거품 중앙 위에 천천히 부어 완성한다.

🫘 시럽을 첨가한 라떼 마키아토, 카라멜, 바닐라, 헤이즐넛 등 향 시럽을 첨가하여 베리에이션 메뉴로 만들 수 있다.

🫘 응용방법으로 모카(초콜릿) 라떼 마끼아또, 캐러멜 라떼 마끼아또, 바닐라 라떼 마끼아또, 헤이즐넛 라떼 마끼아또 등의 라떼 마끼아 또는 각종 시럽(초콜릿 시럽, 캐러멜 시럽, 바닐라 시럽, 헤이즐럿 시럽 등) 10~20ml를 먼저 넣어서 위와 같은 방법으로 만든다. 시럽의 향을 줄이고 싶을 때는 시럽을 5~10ml 정도 줄이고 그 대신 설탕 시럽을 5~10ml 정도 넣는다.

008

카페 라떼 (이탈리안 스타일)

· 라떼는 우유를 뜻한다. 카푸치노보다 좀 더 많은 우유에 거품이 거의 없거나 조금만(0.5cm) 넣는다.

 메뉴명

· Caffè Latte (Italian Style)

 재료·기계 및 도구

· 에스프레소 머신   · 피쳐
· 그라인더   · 에스프레소용 원두
· 라떼 잔 세트   · 우유

 Recipe

· 에스프레소 1샷   – 추출량 : 25~30ml(크레마 포함)
– 사용 원두 : 6.5~10g   – 추출 온도 : 65~70℃
– 추출 시간 : 25~30초   · 우유 : 120~150ml

 만들기 (국가직무능력표준)

① 300~600ml 스팀 피쳐에 120~150ml의 냉장 우유를 따른다.
② 준비된 270ml 잔에 에스프레소 1샷(추출량 : 25~30ml, 크레마 포함)을 추출한다.
③ 스팀 밸브를 살짝 열어 스팀 완드내의 내용물을 한번 빼낸 다음, 피쳐를 깊숙이 담근 상태로 우유를 65~70℃로 데운다.
④ 데운 우유를 잔의 벽으로 적은 양을 부은 다음, 회전을 하도록 많이 부어 잔의 가장자리(Rim)로부터 1.5cm를 남기고 부어 완성한다.

만들기

① 라떼 잔(유리잔도 가능) 예열과 잔 받침과 스푼을 세팅한다.

② 에스프레소 1샷(추출량 : 25~30ml, 크레마 포함)을 라떼 잔이나 샷 잔(또는 벨크리머)에 추출한다.

③ 에스프레소 1샷을 샷 잔에 추출한 경우 라떼 잔에 붓는다.

④ 피쳐안의 우유 거품(Foamed Milk)이 잔에 들어가지 않게 스푼으로 막으면서 스팀우유를 잔에 붓는다.

⑤ 카페 라떼를 완성한다.

☕ 각 나라별 우유단어
미·영국어 : Milk
프랑스어 : Lait
스페인어 : Leche
독일어 : Milch
이탈리아어 : Latte
포르투갈어 : Leite

☕ 스팀 밀크 만들기
우유(120ml)를 피쳐에 담아 스티밍하여 데운 우유(Steamed Milk)를 완성한다.

🌰 응용방법으로 모카(초콜릿) 카페 라떼, 캐러멜 카페 라떼, 바닐라 카페 라떼, 헤이즐넛 카페 라떼 등의 카페 라떼는 각종 시럽(초콜릿 시럽, 캐러멜 시럽, 바닐라 시럽, 헤이즐럿 시럽 등) 15~20ml를 먼저 넣어서 위와 같은 방법으로 만든다. 시럽의 향을 줄이고 싶을 때는 시럽을 5~10ml 정도 줄이고 그 대신 설탕 시럽을 5~10ml 정도 넣는다.

009

카페 라떼(시애틀 스타일)

메뉴명

· Caffè Latte(Seatte Style)

재료·기계 및 도구

· 에스프레소 머신
· 그라인더
· 라떼 잔(210~240ml : 7~8oz) 세트

· 피쳐
· 에스프레소용 원두
· 우유

Recipe

· 에스프레소 1샷(또는 리스트레토 2샷) 추출
- 사용 원두 : 6.5~10g
- 추출 시간 : 20~30초
- 추출량 : 25~30ml, 크레마 포함 또는 리스트레토

　30~40ml, 크레마 포함
- 추출 온도 : 65~70℃
· 우유 : 120~150ml

만들기

① 라떼잔 예열과 잔 받침과 스푼을 세팅한다.
② 에스프레소 1샷 또는 리스트레토 2샷을 라떼 잔에 추출한다.
③ 스팀피쳐에 차가운 우유를 넣고 스티밍하여 벨벳 스팀우유를 만든다.
④ 잔 가운데 스팀 우유(120~150ml, 170~220ml : 잔의 크기에 따라 다르다)를 붓는다.
⑤ 잔을 피쳐 쪽으로 기울이면서 우유가 떠오를 때까지 붓는다.
⑥ 우유가 떠오르면 재빨리 피쳐를 움직여 원하는 모양을 만들어 완성한다.

🌿 카페라떼와 카푸치노의 비교 🌿

	카페라떼	카푸치노
커피의 양	에스프레소 30ml(1oz)	에스프레소 30ml(1oz)
커피와 우유의 비율	1 : 3.5	1 : 2
거품	얇은 양의 거품	부드럽고 풍성한 양의 벨벳거품
잔의 커피	200~220ml의 잔	150~180ml 정도의 잔
맛	우유의 양이 많기 때문에 부드럽고 단맛	고소한 거품과 풍부한 커피의 맛

☕ **라떼 스팀밀크 만들기**
스팀 피쳐에 차가운 우유를 넣고 스팀하여 웨트 카푸치노(Wet Cappuccino) 거품의 양을 줄이고 벨벳 스팀 우유(Steamed Milk)를 만든다.

카페 모카

- 초콜릿 소스나 코코아 파우더로 장식(기호에 따라 아몬드 장식)
- 생크림을 얹지 않는 경우 우유 거품 위에 초콜릿 소스로 토핑한다.

 메뉴명

· Caffè Mocha

 재료·기계 및 도구

- 에스프레소 머신
- 그라인더
- 스팀 피쳐
- 샷 잔 또는 스테인리스 벨 크리머

- 에스프레소용 원두
- 휘핑 기와 휘핑 크림
- 초콜릿 소스
- 코코아 파우더

 Recipe

- 에스프레소 : 1샷(추출량 : 25~30ml, 크레마 포함)
- 초콜릿 소스 : 약 15ml(1펌프)
- 우유 : 120~150ml

- 휘핑 크림 : 100ml
- 토핑용 초콜릿 소스 : 적당량
- 토핑용 코코아 파우더 : 적당량

 만들기(국가직무능력표준)

① 스팀 피쳐에 차가운 우유를 준비한다.
② 180ml 잔에 초콜릿 소스 15~20ml를 넣는다.

③ 초콜릿 소스를 넣은 잔에 에스프레소를 25~30ml(크레마 포함) 추출하여 잘 저어서 섞어 준다.

④ 준비된 스팀 피쳐의 우유 ①을 스티밍(65~70℃)하여 우유 거품(Foamed Milk)을 곱게 내서 초콜릿 소스와 잘 섞은 에스프레소 위에 따른다.

⑤ 휘핑 크림을 올려 완성한다.

만들기

① 예열된 잔에 초콜릿 소스 약 15ml(1펌프)를 넣는다.

② ①에 에스프레소 25~30ml(크레마 포함)를 추출한다.

③ 우유 120~150ml를 스팀피쳐에 넣고 스티밍 한 후 약 240ml(8oz) 용량에 2cm 정도(8부)를 남기고 붓는다.

④ ②의 잔에 들어 있는 초콜릿 소스와 에스프레소를 잘 섞어서 컵의 중앙에 붓는다.

⑤ 상단에 휘핑 크림을 100ml 정도 얹고 초콜릿 소스나 코코아 파우더로 토핑하여 완성한다.

🫘 Mocha : 예멘의 항구도시

🫘 코코아 : 카카오 열매에서 지방을 제거하고 파우더로 만든 초콜릿 파우더 같은 것으로 카카오 파우더가 물에 잘 풀리도록 만든 제품 이름. 코코아 파우더를 물이나 우유에 타서 만드는 초콜릿 맛의 음료 역시 코코아(Cocoa)이다.

카페 비엔나

- 미오스트리아의 수도 빈(Wien)에서 유래
- 달콤한 크림과 쌉싸름한 커피의 독특한 조화를 느낄 수 있다.
- 뜨거운 커피와 부드러운 크림 시간이 지날수록 진해지는 단맛

 메뉴명

- Caffè Vienna

 재료·기계 및 도구

- 에스프레소 머신
- 그라인더
- 휘핑 기
- 에스프레소용 원두

- 휘핑 크림
- 아몬드 슬라이스
- 설탕

 Recipe

- 에스프레소 : 1샷(추출량 : 25~30ml, 크레마 포함)
- 휘핑 크림 : 적당량
- 뜨거운 물 : 8부(데운 우유 사용가능)

- 설탕 : 1티 스푼
- 아몬드 슬라이스 : 적당량

 만들기(국가직무능력표준)

① 잔 예열과 잔 받침 및 티 스푼을 세팅한다.
② 180ml 잔에 에스프레소 1샷(25~30ml, 크레마 포함)을 추출한다.

③ 2인용 스팀 피쳐(600ml)에 온수를 받는다.

④ ②의 잔에 휘핑 크림을 올릴 수 있도록 잔의 가장 자리(rim)에서 2cm 정도 비우고 온수를 붓는다.

⑤ ④의 잔에 휘핑 크림을 올려 완성한다.(아몬드 슬라이스를 토핑한다.)

 만들기

① 잔 예열과 잔 받침 및 티 스푼을 세팅한다.

② 에스프레소 1샷(25~30ml, 크레마 포함)을 추출한다

③ 머그 잔에 뜨거운 물 또는 데운 우유 150~210ml(8부 정도)를 넣는다.

④ 뜨거운 물이 담겨 있는 머그 잔에 에스프레소를 붓는다.

⑤ 설탕 1티 스푼을 넣고 휘핑 크림을 얹어 완성한다.

카페 비엔나는 에스프레소와 물을 1 : 3 정도의 비율로 섞고 휘핑 크림, 설탕 5g 또는 설탕 시럽 10~15ml를 첨가하면 더욱 풍미가 있다.

카라멜 (카페) 라떼

• 시럽의 종류에 따라 맛이 달라진다.

 메뉴명

· Caramel (Caffè) Latte

 재료·기계 및 도구

- · 에스프레소 머신
- · 그라인더
- · 피쳐

- · 에스프레소용 원두
- · 우유
- · 카라멜 시럽

 Recipe

- · 에스프레소 : 1샷(추출량 : 25~30ml, 크레마 포함)
- · 스팀 우유 : 200ml
- · 우유 거품 : 0.5cm 미만
- · 카라멜 시럽 : 30ml

 만들기

① 예열된 잔에 카라멜 시럽 30ml를 넣는다.

② 시럽이 담긴 잔에 에스프레소 1샷(추출량 : 25~30ml, 크레마 포함)을 추출한다.

③ 우유 200ml를 스티밍하여 라떼 거품을 만든다.

④ 잔에 우유 거품(Foamed Milk)을 0.5cm 미만으로 올려 완성한다.

☕ **카라멜 시럽 만들기**

물 50g, 설탕 170g, 생크림 200g, 물과 설탕을 넣고 다 녹으면 끓인다. 불을 끄고 데워진 생크림을 조금씩 붓고 걸쭉한 농도가 될 때까지 끓인다.

013

카라멜 마키아토

• 카페모카와 함께 단맛을 좋아하는 고객들이 선호하는 메뉴

 메뉴명

· Caramel Macchiato   · 카페 마키아토의 변형

 재료·기계 및 도구

· 에스프레소 머신   · 우유
· 그라인더   · 카라멜 소스
· 에스프레소용 원두   · 카라멜 시럽

 Recipe

· 에스프레소 : 1샷(추출량 : 25~30ml, 크레마 포함)
· 스팀 우유 : 120ml
· 카라멜 소스 : 15~20ml
· 카라멜 시럽 : 10~20ml

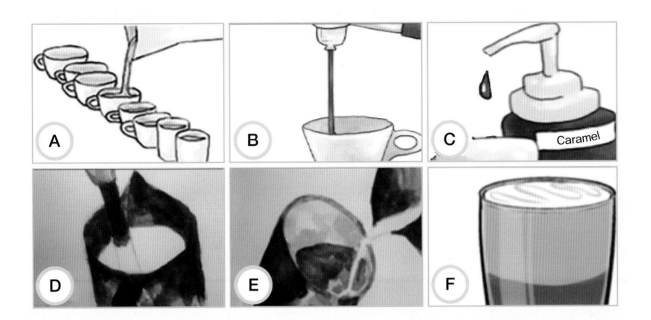

 만들기

① 잔 예열과 잔 받침 및 스푼을 세팅한다.

② 에스프레소 1샷(추출량 : 25~30ml, 크레마 포함)을 추출한다.

③ 카라멜 소스 15~20ml를 넣고 ②의 에스프레소를 붓는다.

④ 우유 120ml를 스티밍한다.

⑤ 잔에 스티밍한 우유를 넣는다.

⑥ 우유 거품(Foamed Milk)을 약 2cm 정도 올리고 카라멜 소스로 드리즐하여 완성한다.

 tip

카라멜 시럽과 소스가 함께 들어가면 카라멜의 깊은 풍미를 더 할 수 있다. 시럽만 들어갈 때는 카라멜 향만 강하게 난다.

커피 펀치

- 오후의 피로한 시간에 한잔 마시면 피로가 풀리고 활력이 되살아나
  일명 스태미너 커피라고도 하며 주로 남성 취향의 메뉴이다.

 메뉴명

· Coffee Punch

 재료·기계 및 도구

- 에스프레소 원두
- 에스프레소 머신
- 브랜디 글라스
- 라떼잔
- 지거 글라스(Gigger Glass) 또는 샷잔

- 테킬라(Tequila)
- 꿀
- 계란
- 중탕할 뜨거운 물

 Recipe

- 에스프레소 : 1샷(추출량 : 25~30ml, 크레마 포함)
- 테킬라 : 30ml
- 꿀 : 30ml

- 계란 노른자 : 1개
- 중탕할 뜨거운 물 : 약간
- 휘젓는 기법(Stirring)

🍵 만들기

① 에스프레소 1샷(추출량 : 25~30ml, 크레마 포함)을 추출한다.

② 브랜디 글라스에 추출한 커피 1샷(25~30ml)을 붓고 꿀 30ml를 넣어 준 후 잘 섞어준다.

③ 또 다른 잔에 노른자 1개 분리한 후 50~60℃의 따뜻한 물을 노른자에 약간 부어서 중탕한다.

④ 중탕한 노른자를 ②의 브랜디 글라스에 넣어 커피와 섞어준다.

⑤ ④의 잔에 테킬라 30ml를 넣고 섞어 완성한다.

☕ 테킬라

멕시코의 다육식물인 용설란의 수액을 채취해 두면, 풀케(Pulque)라는 탁주가 되는데 이것을 증류한 무색의 투명한 술(지식백과).

드라이 카푸치노

메뉴명

· Dry Cappuccino

재료·기계 및 도구

· 에스프레소용 원두
· 에스프레소 머신
· 그라인더
· 카푸치노 잔세트

· 우유
· 피쳐
· 시나몬 파우더
· 설탕

Recipe

· 에스프레소 1샷(또는 리스트레토 2샷) 추출
  − 추출량 : 25~30ml(리스트레토, 30~40ml)
  − 사용 원두 : 6.5~10g
  − 추출 시간 : 25~30초

− 추출 온도 : 65~70℃
· 우유 : 180~200ml
· 시나몬 파우더 : 적당량
· 설탕 : 적당량

만들기(국가직무능력표준)

① 카푸치노 잔 예열과 잔 받침과 스푼을 세팅한다.
② 에스프레소 1샷 또는 리스트레토 2샷을 카푸치노 잔에 추출한다.
③ 피쳐에 담긴 우유(200ml)를 스티밍하여 우유 거품(Foamed Milk)을 만들어 둔다.
④ 카푸치노 잔 ②에 ③피쳐의 우유 거품 아래쪽에 있는 데운 우유(Steamed Milk)만 넣는다.
⑤ 시나몬 파우더를 잔 위에 뿌리고 설탕을 곁들여 완성한다.

 만들기

① 카푸치노 잔 예열과 잔 받침과 스푼을 세팅한다.

② 피쳐에 담긴 우유 180ml를 스티밍하여 우유 거품(Foamed Milk)을 많이 만들어 둔다.

③ 에스프레소 1샷(추출량 : 25~30ml, 크레마 포함)을 카푸치노 잔에 추출한다. 에스프레소를 추출하는 동안에 우유 거품과 데운 우유(Steamed Milk)가 분리된다.

④ 추출된 에스프레소에 우유 거품을 조금 넣어 섞어주고, 데운 우유를 부은 뒤 스푼으로 우유 거품을 얹어 완성한다.

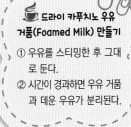

☕ 드라이 카푸치노 우유 거품(Foamed Milk) 만들기

① 우유를 스티밍한 후 그대로 둔다.

② 시간이 경과하면 우유 거품과 데운 우유가 분리된다.

 tip

300ml의 카푸치노 잔을 사용 할 때는 에스프레소 2샷을 베이스로 한다. 에스프레소 위에 먼저 우유 거품을 올려 원 모양을 만든 후 데운 우유로 채워 준다. 드라이 카푸치노는 거품량이 많기 때문에 만약 거품이 거칠게 나오면 하단의 우유와 부드럽게 섞어 올려준다.

더치 맥주

- 더치 원액과 맥주를 조화해 만든 더치 맥주는 부드러운 거품과 진한 맥주 맛이 일품이며 더치 원액의 묵직한 바디감이 맥주를 만나 깊고 묵직한 맛을 낸다.

메뉴명

· Dutch Beer

재료·기계 및 도구

- · 더치 커피
- · 필스너 글라스
- · 지거 글라스(Jigger Glass) 또는 샷잔
- · 맥주(향이 가미된 맥주보다는 라거계열 맥주를 추천)

Recipe

- · 더치 커피원액 : 30ml
- · 맥주 : 120ml
- · 우유 : 100㎖
- − 더치와 맥주의 비율은 1 : 4~9(기호에 따라 다양하게)

만들기

① 글라스와 샷잔 또는 지거 잔을 준비한다.

② 글라스에 더치 커피 30ml를 따른다.

③ 맥주 120ml를 준비한다.

④ 맥주를 글라스에 넣고 섞어준다. 떨어지는 낙차를 이용하여 더 풍성한 거품을 만들 수 있다.

더치 커피

찬물 또는 상온의 물을 이용
하여 장시간에 걸쳐 우려낸
커피. 추출 방식은 점적식과
침출식으로 구분한다.

더치 깔루아 밀크

- 더치 커피 대신 에스프레소 커피나 드립 커피 사용이 가능

 메뉴명

· Dutch Kahlua Milk

 재료·기계 및 도구

- · 더치 커피원액
- · 필스너 글라스 또는 하이볼 글라스
- · 지거 글라스(Jigger Glass) 또는 샷 잔
- · 바 스푼

- · 깔루아(Kahlua)
- · 우유(Milk)
- · 각 얼음
- · 물

 Recipe

- · 더치 커피원액 : 30ml
- · 깔루아 : 45ml
- · 우유 : 75~90㎖(2.5~3oz)
- · 각 얼음 : 6개

- · 물 : 10~20ml
- – 층 쌓는 기법(Layering)

① 필스너 글라스(Pilsner Glass)에 얼음 6개를 넣는다.

② 깔루아 45ml를 얼음을 담은 필스너 글라스에 따라준다. 이때 벽면에는 묻지 않게 바닥 쪽으로 바로 따라준다. 레이어링(Layering) 기법으로 층을 만들어 완성해야 하기 때문이다.

③ 우유 75~90ml를 천천히 조심스럽게 넣어준다. 바 스푼이나 스트로우 등을 사용하여 흘려 내리듯이 따르면 선명한 층을 만들 수 있다.

④ 더치 커피 30ml를 위와 동일한 방법으로 천천히 넣어준다. 만약 사용할 더치 커피의 농도가 진하면 물 10~20ml를 희석해도 된다. 기호에 따라 설탕 시럽 10ml를 첨가해도 된다.

018

에스프레소 더블(도피오)

- 에스프레소 2샷을 한잔에 추출하는 것이다.

메뉴명

· Eepresso Double

· Eepresso Doppio

재료·기계 및 도구

- 에스프레소 머신
- 그라인더
- 데미타스(Demitasse)잔 세트
- 에스프레소용 원두

Recipe

- 에스프레소 : 2샷
- 사용 원두 : 13~20g
- 추출 시간 : 25~30초
- 추출 온도 : 65~70℃
- 추출량 : 50~60ml(크레마 포함)

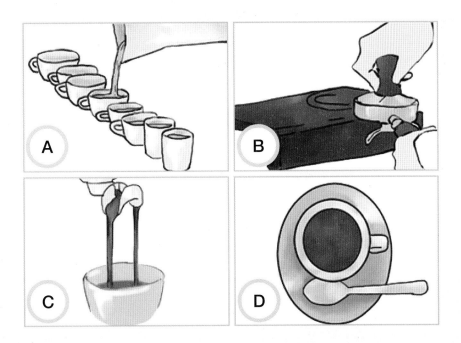

① 잔 예열과 잔 받침 및 스푼을 세팅한다.

② 그라인딩과 탬핑하여 머신에 포터 필터를 장착한다.

③ 에스프레소 2샷(추출량 : 50~60ml, 크레마 포함)을 추출한다.(스파우드 양쪽에서 추출하여 한잔에 담음)

④ 에스프레소 더블(도피오)을 완성한다.

데미타스

프랑스어로 Demi(반)와 Tasse(잔)을 뜻하는 합성어. 일반 커피잔(4oz, 120ml)의 반 정도로 2~3oz 이다.

에스프레소 아로마

메뉴명

· Espresso Aroma

재료·기계 및 도구

· 에스프레소 머신
· 그라인더
· 바 스푼
· 데미타스(Demitasse)잔 세트

· 에스프레소용 원두
· 헤이즐넛 시럽(Hazelnut Syrup)

Recipe

· 에스프레소 : 1샷
  − 사용 원두 : 6.5~10g
  − 추출 시간 : 25~30초
  − 추출량 : 25~30ml(크레마 포함)
  − 추출 온도 : 65~70℃
· 헤이즐넛 시럽 : 20ml

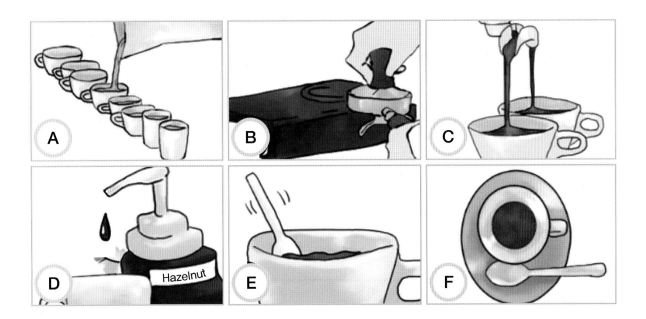

🌱 만들기

① 잔 예열과 잔 받침 및 스푼을 세팅한다.

② 그라인딩과 탬핑하여 머신에 포터 필터를 장착한다.

③ 에스프레소 1샷(추출량 : 25~30ml, 크레마 포함)을 추출한다.

④ 에스프레소가 추출된 데미타스잔에 헤이즐넛 시럽 20ml를 펌프한다.

⑤ 티 스푼으로 잘 섞는다.

⑥ 에스프레소 아로마를 완성한다.

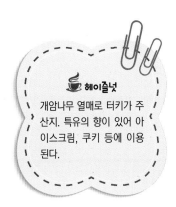

☕ **헤이즐넛**

개암나무 열매로 터키가 주산지. 특유의 향이 있어 아이스크림, 쿠키 등에 이용된다.

에스프레소 콘파냐 / 카페 콘파냐

- con(섞다), panna(크림), 에스프레소 1잔에 휘핑 크림 적당량을 얹는 메뉴로
  콘파냐란 크림을 섞는다는 뜻이다.

 메뉴명

· Espresso con Panna   · Caffè con Panna

 재료·기계 및 도구

- 에스프레소 머신
- 그라인더
- 데미타스 잔과 잔 받침
- 그래뉴 당

- 에스프레소용 원두
- 휘핑 크림(Whipped Cream)
- 코코아 파우더

 Recipe

- 에스프레소 : 1샷
- 사용 원두 : 6.5~10g
- 추출 시간 : 25~30초
- 추출량 : 25~30ml(크레마 포함)
- 추출 온도 : 65~70℃

- 그래뉴 당 : 20g
- 휘핑 크림 : 적당량
  (㉠ 부드럽게 휘핑된 생크림,
   ㉡ 가스 휘핑기를 이용한 묵직한 크림),
- 코코아 파우더 : 적당량

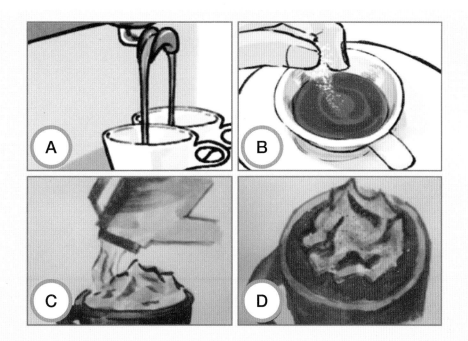

 만들기(국가직무능력표준)

① 잔 예열과 잔 받침 및 스푼을 세팅한다.

② 예열된 에스프레소(데미타스 : 60~90ml) 잔에 에스프레소 1샷(추출량 : 25~30ml, 크레마 포함)을 추출한다.

③ 추출된 에스프레소 위에 휘핑 크림을 올려서 완성한다.

 만들기

① 데미타스 잔에 에스프레소 1샷(추출량 : 25~30ml, 크레마 포함)을 추출한다.

② 에스프레소가 담긴 데미타스 잔에 그래뉴당 파우더 20g을 넣고 잘 섞는다.

③ 휘핑 크림을 올린다.

④ 코코아 파우더를 토핑하여 완성한다.

 tip

휘핑 크림을 주입할 때 에스프레소 위에 바로 올리면 금방 녹고 잔에 담긴 커피가 솟아오르기 때문에 휘핑기를 비스듬히 해서 잔의 안쪽 벽을 타고 천천히 주입하여 휘핑 크림이 에스프레소에 바로 닿지 않도록 한다.

에스프레소 룽고

- 에스프레소 보다 조금 더 길게 추출한다. 에스프레소 보다 원하지 않는 향미들이 섞이지만 시럽을 첨가하는 메뉴(카페모카, 카라멜 마끼아또 등)에 커피 맛을 살리기 위해 추출한다.

 **메뉴명**

· **Espresso Lungo**(이탈리어어로 길다)   · **Espresso Long**

 재료·기계 및 도구

- 에스프레소 머신
- 그라인더
- 데미타스(Demitasse) 잔 세트
- 에스프레소용 원두

 Recipe

- 에스프레소 룽고 : 1샷
- 사용 원두 : 6.5~10g
- 추출 시간 : 25~30초
- 추출량 : 40~50ml(크레마 포함)
- 추출 온도 : 65~70℃

A B C D

만들기

① 잔 예열과 잔 받침 및 스푼을 세팅한다.

② 그라인딩과 탬핑하여 머신에 포터필터를 장착한다.

③ 에스프레소 40~50ml(크레마 포함)를 추출한다.

④ 에스프레소 룽고를 완성한다.

크레마(Crema)

3~4mm 정도의 크레마가 있는 에스프레소가 가장 맛있다.

에스프레소 마키아토 / 카페 마키아토

- 스팀 피쳐에 우유 거품을 내어 잔의 가운데 부분에 붓는다.(에스프레소와 같은 양)
- 또는 에스프레소 원 샷에 우유 거품(Foamed Milk) 2~3 스푼을 잔 중앙에 얹는다. 젖지 않고 마신다.

 메뉴명

· Espresso Macchiato　　　　　· Caffè Macchiato

 재료·기계 및 도구

- 에스프레소 머신
- 그라인더
- 데미타스 잔과 잔 받침

- 에스프레소용 원두
- 우유
- 스팀 피쳐

 Recipe

- 에스프레소 : 1샷
- 사용 원두 : 6.5~10g
- 추출 시간 : 25~30초
- 추출량 : 25~30ml(크레마 포함)

- 추출 온도 : 65~70℃
- 우유 : 120ml(Foamed Milk : 25~30ml)
- 설탕 시럽 : 15~20ml

 만들기(국가직무능력표준)

① 한 잔용 300ml 스팀 피쳐에 우유 120ml(스팀 피쳐 코에서 1cm 아래)를 따른다.
② 데미타스 잔에 에스프레소 1샷(25~30ml, 크레마 포함)을 추출한다.

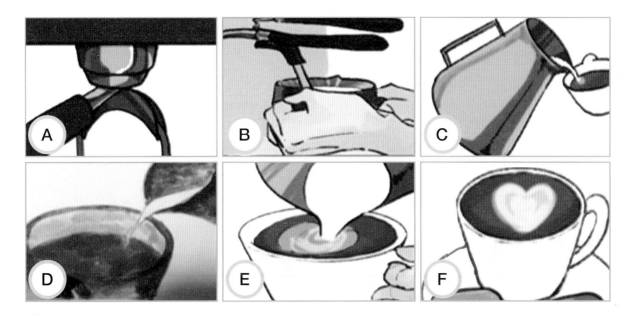

③ 우유 거품(Foamed Milk)을 만든다.

④ 만든 ③우유 거품을 잘 흔들어서 고운 우유 거품을 만든다. 카푸치노 티 스푼으로 원이 깨지지 않도록 해서 추출된 에스프레소 위에 우유 거품을 3~4스푼 올려 완성한다. 이때 우유 거품의 양은 1cm 이상이 되도록 한다.

🍵 만들기

① 에스프레소를 데미타스 잔에 추출한다.

② 스팀 피쳐에 우유를 넣고 스티밍한다.

③ 데운 우유 120ml를 데마타스 잔에 담긴 에스프레소 중앙에 붓는다.

④ 피쳐를 몸쪽으로 당겨 데운 우유(Steamed Milk) 붓는 위치를 옮긴다.(하트 만들기)

⑤ 우유 거품(Foamed Milk)이 크레마 위로 떠오르면 피쳐를 반대쪽으로 이동하여 하트 모양을 만든다.

⑥ 작은 하트 모양이 만들어진 에스프레소 마키아토를 제공한다.

☕ 응용방법으로 모카(초콜릿) 카페 마끼아또, 캐러멜 카페 마끼아또, 바닐라 카페 마끼아또, 헤이즐넛 카페 마끼아또 등의 카페 마끼아또 또는 각종 시럽(초콜릿 시럽, 캐러멜 시럽, 바닐라 시럽, 헤이즐럿 시럽 등) 5~10ml를 먼저 넣어서 위와 같은 방법으로 만든다.

023

에스프레소 마티니

- 1983년 런던 소호에 있는 레스토랑의 바텐더 딕 브라드셀(Dick Bradsell)이 만들었다고 한다. 각성제 또는 유혹의 술로 전해진다.

 메뉴명

· Espresso Martini

 재료·기계 및 도구

- · 에스프레소 머신
- · 그라인더
- · 마티니 글라스
- · 지거 글라스(Jigger Glass) 또는 샷잔
- · 쉐이커

- · 에스프레소용 원두
- · 깔루아(Kahlua)
- · 보드카(Vodka)
- · 각 얼음

 Recipe

- · 에스프레소 : 1샷(추출량 : 25~30ml, 크레마 포함)
- · 깔루아 : 15ml(0.5Oz)
- · 보드카 : 45ml(1.5Oz)
- · 각 얼음 : 6개

- · 가니쉬 : 커피 원두나 초콜릿
- – 흔드는 기법(Shaking)

🍵 만들기

① 마티니 글라스에 분쇄된 얼음 3개를 넣어 잔을 냉각시켜 준다.

② 에스프레소 1샷(추출량 : 25~30ml, 크레마 포함)을 추출한다.

③ 쉐이커통에 얼음 3개와 보드카(스미토프 플레인, 엡솔루트 플레인) 45ml(1.5oz), 깔루아 15ml(0.5oz), 에스프레소 1샷(25~30ml, 크레마 포함)을 넣는다.

④ 12~15번 정도 쉐이킹 한다. 많이 흔들어야 시원하게 마실 수 있으며 거품의 양도 많아진다.

⑤ 잔에 얼음을 제거한다.

⑤ 쉐이커에 내용물을 스트레이너를 통해 걸러 냉각된 잔에 천천히 부어 완성한다.

☕ 마티니 드라이
(Martini Dry)
어니스트 헤밍웨이(Ernest Hemingway)가 애음했다는 칵테일. 쓴맛이 강해 식전주이다.

024

에스프레소 리스트레또

• 양은 작지만 좋은 향미만을 음용하기 위한 에스프레소 마니아들이 선호하는 메뉴

 메뉴명

· Espresso Ristretto

 재료·기계 및 도구

· 에스프레소 머신
· 그라인더
· 데미타스(Demitasse) 잔 세트
· 티 스푼
· 에스프레소용 원두

 Recipe

· 에스프레소 리스트레또 : 1샷
– 사용 원두 : 6.5~10g
– 추출 시간 : 15~20초
– 추출량 : 15~20ml(크레마 포함)
– 추출 온도 : 65~70℃

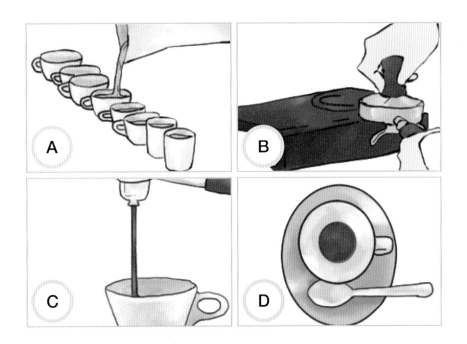

A	B
C	D

만들기

① 잔 예열과 잔 받침 및 스푼을 세팅한다.

② 그라인딩과 탬핑하여 머신에 포터 필터를 장착한다.

③ 에스프레소 15~20ml(크레마 포함)를 추출한다.

④ 에스프레소 리스트레또를 완성한다.

☕ 리스트레또

가장 진한 시점을 제한 (Restrict) 해서 뽑은 커피이다.

 tip

커피와 물이 접촉하는 처음 단계에 좋은 향미들이 추출되며, 시간이 지날수록 농도는 연해지지만 원하지 않는 향미가 추출된다.

에스프레소 로마노

메뉴명

· Espresso Romano

재료·기계 및 도구

· 에스프레소 머신
· 그라인더
· 데미타스(demitasse) 잔 세트
· 에스프레소용 원두

· 레몬
· 그래뉴 당(Granulated Suger)

Recipe

· 에스프레소 : 1샷
– 사용 원두 : 6.5~10g
– 추출 시간 : 25~30초
– 추출량 : 25~30ml(크레마 포함)
– 추출 온도 : 65~70℃

· 뜨거운 물(90℃) : 5ml 정도
· 그래뉴 당 : 10g
· 레몬 즙 : 2~3 방울
· 레몬 껍질 : 적당한 길이로 1개

만들기

① 데미타스 잔에 그래뉴 당을 넣고 뜨거운 물 5ml를 부어 녹인다.

② 그래뉴 당을 녹인 잔에 에스프레소 1샷(추출량 : 25~30ml, 크레마 포함)을 추출한다.

③ 에스프레소 1샷이 추출된 데미타스 잔에 손으로 레몬 즙을 2~3 방울 짠다.

④ 얇게 깎은 레몬 껍질을 커피와 잔에 걸친다.

⑤ 에스프레소 로마노를 완성한다.

🍵 그래뉴 당(Granulated Sugar) : 설탕 중 결정이 가장 작은 설탕으로 백설탕보다 순도가 높고 물에 더 잘 녹는다. 독특한 맛이나 향이 있는 것이 아니고 설탕 본래의 순수한 단맛만 느낄 수 있어, 홍차나 커피 같이 특유의 향과 맛을 강조하는 기호 식품과 잘 어울린다.(두산백과)

에스프레소(싱글)

- 곱게 분쇄한 원두에 뜨거운 물(90~95℃)을 가압(7~9bar)하여
  짧은 시간(25~30초)에 기계를 통과하여 추출한 농축된 커피
- 추출된 커피는 카페인이 적고 원두의 진한 맛과 향을 그대로 느낄 수 있다.

 메뉴명

· Espresso Single

· Espresso Solo(Café Espresso)

 재료·기계 및 도구

- 에스프레소 머신
- 그라인더
- 에스프레소용 원두

- 데미타스(Demitasse) 잔 세트
- 지름(50~60mm), 용량(50~70ml)

 Recipe

- 에스프레소 : 1샷
- 사용 원두 : 6.5~10g
- 추출 시간 : 25~30초
- 추출량 : 25~30ml(크레마 포함)
- 추출 온도 : 65~70℃

 만들기

① 잔 예열과 잔 받침 및 스푼을 세팅한다.

② 그라인딩과 탬핑하여 머신에 포터 필터를 장착한다.

③ 데미타스 잔(50~70ml)에 에스프레소 1샷(추출량 : 25~30ml, 크레마 포함)을 추출한다.

④ 에스프레소(싱글, 솔로)를 완성한다.

☕ **탬퍼(Tamper)의 종류**
스테인리스 탬퍼, 알루미늄 탬퍼, 플라스틱 탬퍼 등이 있다.

 tip

크레마가 없어지기 전에 바로 마시는 것이 좋다.

그라니타 디 카페

- 굵은 분쇄 얼음을 사용하여 기존 각얼음의 아이스 음료와 색다른 맛을 느낄 있다.
- 분쇄 얼음과 커피가 서로 어울려 부드럽고 휘핑 크림이 분쇄 얼음을 타고 내려오는 모양이 폭포수가 흐르는 시각적 효과를 즐길 수 있다.

 메뉴명

· Granita di Caffè

 재료·기계 및 도구

· 에스프레소 머신
· 그라인더
· 빙삭기(블렌더)
· 아이스 음료용 잔

· 에스프레소 원두
· 휘핑 크림
· 각 얼음

 Recipe

· 에스프레소 : 2샷(추출량 : 50~60ml, 크레마 포함)
· 휘핑 크림 : 적당량
· 분쇄 얼음 : 잔의 80~90%

![만들기]

① 각 얼음을 빙삭기에 넣어 굵은 분쇄 얼음으로 만든다.

② 아이스 음료용 잔(400~450ml)에 분쇄 얼음을 80~90% 채운다.

③ 에스프레소 2샷(추출량 : 50~60ml, 크레마 포함)을 추출한다.

④ 분쇄 얼음이 담긴 아이스 음료용 잔 위에 에스프레소를 붓는다.

⑤ 휘핑 크림을 ④잔에 올려 완성한다.

⑥ 휘핑 크림이 분쇄 얼음 사이로 서서히 내려오면서 폭포수가 흐르는 것 같다.

028

녹차 라떼

메뉴명

· Green Tea Latte

재료·기계 및 도구

· 에스프레소 머신
· 피쳐

· 스팀 우유
· 그린티 파우더

Recipe

· 그린티 파우더 : 30g
· 데운 우유 : 200ml

· 우유 거품 : 0.5cm미만

만들기

① 예열된 잔에 그린티 파우더 30g을 넣는다.
② 우유 200ml를 스티밍하여 라떼 거품을 만든다.
③ 우유 거품(Foamed Milk)을 0.5cm 미만으로 올린다.
④ 그린티 파우더를 우유 거품 위에 토핑하여 완성한다.

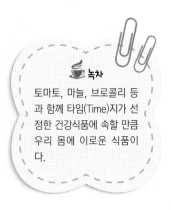

🍵 Topping : 음료의 끝마무리에 잘게 썬 견과류나 깎은 초콜릿 따위의 재료를 올리거나 장식하는 것

헤이즐럿 (카페) 라떼

메뉴명

· Hazelnut (Caffè) Latte

재료·기계 및 도구

· 에스프레소 머신
· 그라인더
· 피쳐

· 에스프레소용 원두
· 헤이즐럿 시럽
· 우유

Recipe

· 에스프레소 : 1샷(추출량 : 25~30ml, 크레마 포함)
· 데운 우유 : 200ml
· 우유 거품 : 0.5cm 미만
· 헤이즐럿 시럽 : 30ml

만들기

① 예열된 잔에 헤이즐럿 시럽 30㎖를 넣는다.

② 시럽이 담긴 잔에 에스프레소 1샷(추출량 : 25~30㎖, 크레마 포함)을 추출한다.

③ 냉장 우유 200㎖를 스티밍하여 라떼 거품을 낸다.

④ 잔에 우유 거품(Foamed Milk)을 0.5cm 미만으로 올려 완성한다.

헤이즐럿 라떼

에스프레소 아로마에 라떼를 올려 만든 메뉴이다. 물론 헤이즐럿 시럽의 양 차이는 있다.

030

핫 초콜릿(초코)

메뉴명

· Hot Chocolate(Cocoa)

재료·기계 및 도구

· 에스프레소 머신
· 피쳐
· 휘핑 기
· 휘핑 크림

· 우유
· 초콜릿 파우더(Chocolate Powder)
· 초콜릿 소스(Chocolate Sauce)

Recipe

· 초콜릿 파우더 : 35g
· 초콜릿 소스 : 적당량
· 데운 우유 : 200ml
· 우유 거품 또는 휘핑 크림 : 1cm 이상

![만들기 아이콘] **만들기**

① 초콜릿 파우더 35g에 뜨거운 물을 조금 부어 녹인다.

② 우유 200ml를 스티밍하여 거품을 낸다.

③ 우유 거품(Foamed Milk) 또는 휘핑 크림을 1cm 이상 올린다.

④ 초콜릿 파우더로 토핑하거나 초콜릿 소스로 드리즐하여 완성한다.

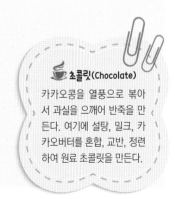

☕ **초콜릿(Chocolate)**

카카오콩을 열풍으로 볶아서 과실을 으깨어 반죽을 만든다. 여기에 설탕, 밀크, 카카오버터를 혼합, 교반, 정련하여 원료 초콜릿을 만든다.

● 다른 방법 : 초콜릿 파우더를 뜨거운 물로 녹이는 것보다 초콜릿 소스 1펌프를 추가하여 데운 우유를 넣고 녹이면 풍미가 더해진다.

031

아이스 (카페) 카푸치노

- 우유 거품을 만들 때 너무 뜨겁지 않아야 한다.

 메뉴명

· Iced (Caffè) Cappuccino

 재료 · 기계 및 도구

· 에스프레소 머신	· 아이스 음료용 잔	· 초콜릿 파우더
· 그라인더	· 에스프레소용 원두	· 시나몬 파우더
· 거품 기(400ml 용량)	· 우유	· 각 얼음

 Recipe

· 에스프레소 : 2샷(추출량 : 50~60ml, 크레마 포함)	· 초콜릿 파우더 : 적당량
· 각 얼음 : 6~7개(150g)	· 시나몬 파우더 : 적당량
· 우유 : 180~200ml	

 만들기(국가직무능력표준)

① 거품 기(400ml 용량)에 우유를 1/3 정도 넣고 45℃로 데워 우유 거품을 만든 다음 뚜껑을 열어 놓는다.

② 아이스 음료용 잔(450ml, 15oz)에 얼음 8부(6~7개, 150g)를 담는다.

③ 에스프레소를 스테인리스 시럽 볼에 두 잔 추출한다.

④ 아이스 음료용 잔②에 에스프레소 2샷(추출량 : 50~60ml, 크레마 포함)을 붓는다.

⑤ 아이스 음료용 잔④에 찬 우유를 잔의 가장 자리(Rim)에서 3cm 비우고 약 100ml 부어준다.

⑥ 바 스푼으로 잘 저어 준다.

⑦ 거품기를 잘 흔들어 우유 거품(Foamed Milk)을 곱게 만든 다음, 큰 스푼으로 우유 거품을 음료용 아이스 잔⑤에 가득 채워 준다.

→ 취향에 따라 초콜릿 파우더나 시나몬 파우더를 뿌려 완성한다.

→ 시럽을 사용할 경우에는 시럽 15~20ml를 먼저 넣고 에스프레소와 우유를 붓는다. 시럽 양 만큼 우유를 적게 부어 스팀 피쳐(600ml)에 우유와 시럽을 먼저 섞어준 후에 잔에 부어 완성한다.(모카는 초콜릿 시럽 25ml를 사용)

만들기

① 피쳐에 우유 80ml를 담는다.

② 에스프레소 2샷(추출량 : 50~60ml, 크레마 포함)을 추출한다.

③ 카푸치노 거품을 내기위한 스티밍을 한다.(우유 거품기를 이용해도 된다.)

④ 아이스 음료용 잔(360~400ml)에 얼음을 8부 정도 채우고 차가운 우유를 약 100ml 정도 붓는다. 컵의 절반 정도까지 우유를 채운다.

⑤ 잔에 에스프레소를 부어준다.

⑥ 우유 거품(Foamed Milk)을 유리잔의 가장 자리(Rim)에서 1cm 정도만 남기고(9부 정도) 컵에 채운다. 시나몬 파우더 혹은 초콜릿 파우더로 토핑하여 완성한다.

tip

스티밍 시 공기 주입과 혼합 시간을 줄여 미지근한 온도를 유지하도록 해야 한다. 핫 메뉴보다는 공기 주입 시간을 줄여야 우유 특유의 비릿 내를 줄인다.

032

아이스 아메리카노

- 아메리카노에 얼음을 첨가한 메뉴이다.

 메뉴명

· Iced Americano

 재료·기계 및 도구

- 에스프레소 머신
- 그라인더
- 바 스푼
- 아이스 음료용 잔

- 에스프레소 원두
- 각 얼음
- 냉수

 Recipe

- 에스프레소 : 2샷(추출량 : 50~60ml, 크레마 포함)
- 각 얼음 : 약 8~10개(180g)

- 냉수 : 150~180ml

 만들기(국가직무능력표준)

① 아이스 음료용 잔(450ml, 15oz)에 각 얼음 10개 정도(180g)를 가득 담는다.
② 에스프레소(부드러운 맛 : 한 잔 분량, 진한 맛 : 두 잔 분량)를 스테인리스 시럽 볼(벨 크리머)에 추출한다.
③ 냉수를 아이스 음료용 잔 가장 자리(Rim)에서 1cm 정도 비우고 채워 준다.

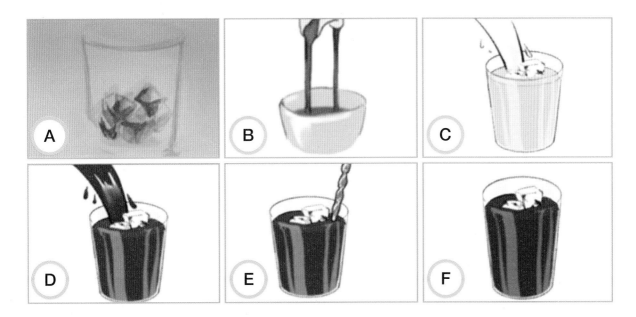

④ ②의 추출한 에스프레소를 아이스 잔에 붓는다.

⑤ 바 스푼으로 한 번 부드럽게 위아래로 저어 완성한다.

 만들기

① 아이스 음료용 잔(400~450ml)에 각 얼음 약 8~10개(180g)를 가득 담는다.

② 에스프레소 2샷(추출량 : 50~60ml, 크레마 포함)을 추출한다.

③ 냉수를 아이스 잔에 9부(150~180ml)까지 붓는다.

④ 얼음이 채워진 잔에 에스프레소를 부을 때 얼음 위에 직접 부어 급속 냉각시켜 맛과 향의 변화를 최소화 한다.

⑤ 바 스푼으로 한번 부드럽게 위아래로 저어 완성한다.

 tip ③과 ④의 순서를 바꿀 경우 음료 위에 기름 성분이 뭉쳐서 뜨거나 수색이 탁해지는 현상이 생긴다.

아이스 카페 라떼

- 커피와 우유를 잘 저어서 섞어 마시는 것이 좋다.
- 우유의 고소한 맛을 살리고 얼음이 녹는 것을 방지하는 것이 중요

 메뉴명

· Iced Caffè Latte

 재료·기계 및 도구

· 에스프레소 머신	· 피쳐	· 우유
· 그라인더	· 아이스 음료용 잔	· 각 얼음
· 유리 잔(260~400ml)	· 에스프레소 원두	

 Recipe

· 에스프레소 : 2샷	- 추출량 : 50~60ml(크레마 포함)	· 우유 : 150~180ml
- 사용 원두 : 14~20g	- 추출 온도 : 65~70℃	· 각 얼음 : 8~10개(180g)
- 추출 시간 : 20~30초		

 만들기(국가직무능력표준)

① 아이스 음료용 잔(450ml, 15oz)에 각 얼음 8~10개(180g)를 넣어 가득 채운다.

② 아이스 음료용 잔①에 우유를 붓는다.
   - 에스프레소 2샷을 사용할 경우에는 450ml(15oz) 잔에 잔의 가장자리(Rim)에서 2cm(우유량 160ml)를 비우고 부어 준다.

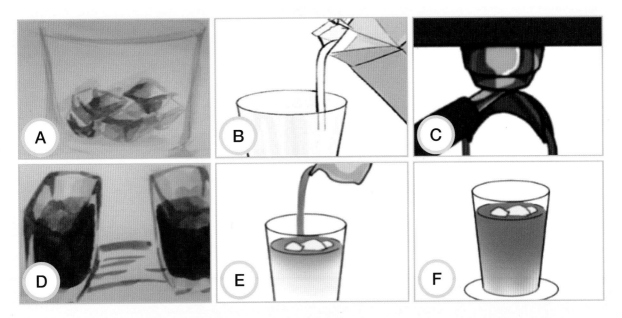

- 에스프레소 1샷을 사용할 경우에는 잔의 가장자리(Rim)에서 1.5cm(우유량 180ml)를 비우고 부어 준다.
- 각종 시럽을 사용할 경우에는 시럽 양 만큼 우유를 적게 부어 600ml 스팀 피쳐에 우유와 시럽을 먼저 섞어 준 후 잔에 부어 준다.(모카는 25ml, 시럽은 15~20ml)

③ 에스프레소(부드러운 맛 : 1샷, 진한 맛 : 2샷)를 스테인리스 시럽 볼에 추출한다.

④ 준비된 아이스 음료용 잔의 얼음 위에 추출한 에스프레소를 천천히 부어 완성한다.

🍵 만들기

① 아이스 음료용 잔(400~450ml)에 각 얼음 8~10개(180g)를 넣어 채운다.

② 각 얼음을 채운 잔에 찬 우유 150~180ml를 붓는다.(에스프레소 1샷 사용의 경우는 180ml)

  각종 시럽을 사용할 경우와 에스프레소의 양에 따라 잔을 비워 두고 부어준다.

③ 에스프레소 2샷(추출량 : 50~60ml, 크레마 포함)을 추출한다.

④ ②의 잔에 에스프레소 2샷을 붓는다.

⑤ 얼음이 담긴 잔에 우유와, 에스프레소를 넣고 섞어 주기도 한다.

⑥ 섞지 않고 제공할 경우 그라데이션 효과가 나타난다.

아이스 카페 라떼는 커피와 우유를 잘 저어서 섞어 먹는 것이 좋다.

☕ 우유와 얼음이 채워진 잔에 에스프레소를 부으면 에스프레소와 우유의 밀도 차이로 인해 컬러 층이 만들어져 시각적인 효과(Gradation : 한쪽은 진하고 반대쪽으로 갈수록 점점 옅게 하여 흐리게 하는)를 줄 수 있다.

아이스 바닐라 카페 라떼

 메뉴명

· Iced Caffè Latte with Vanilla

 재료·기계 및 도구

· 에스프레소 머신
· 아이스 음료용 잔(400~450ml)
· 에스프레소 원두
· 우유

· 바닐라 시럽
· 바닐라 파우더
· 각 얼음

 Recipe

· 에스프레소 : 2샷(추출량 : 50~60ml, 크레마 포함)
· 바닐라 시럽 : 15~20ml
· 바닐라 파우더 : 30g

· 우유 : 150~200ml
· 각 얼음 : 8~10개

 만들기(국가직무능력표준)

① 에스프레소 2샷(추출량 : 50~60ml, 크레마 포함)을 추출한다.
② 아이스 음료용 잔(400~450ml)에 추출한 에스프레소 2샷을 넣는다.
③ ②의 잔에 바닐라 파우더 30g을 넣고 골고루 잘 저어준다.
④ 차가운 우유 150~200ml를 붓는다.
⑤ ④의 잔에 얼음을 가득 담아 완성한다.

 만들기

① 아이스 음료용 잔(400~450ml)에 얼음을 가득 담는다.

② 얼음을 채운 잔에 차가운 우유 120~150ml를 붓는다.(에스프레소 1샷 사용의 경우는 180ml) 바닐라 시럽(15~20ml)을 넣고 먼저 섞어준다.

③ 에스프레소 2샷(추출량 : 50~60ml, 크레마 포함)을 추출한다.

④ ②의 잔에 에스프레소 2샷을 천천히 붓는다.

⑤ ④얼음이든 잔에 우유와 에스프레소를 넣어 완성한다.

⑥ 그라데이션 효과가 나타난다.

우유와 얼음이 채워진 잔에 에스프레소를 부으면 에스프레소와 우유의 밀도 차이로 인해 컬러 층이 만들어져 시각적인 효과를 줄 수 있다.

아이스 카페 마키아또

메뉴명

· Iced Caffè Macchiato

재료·기계 및 도구

· 에스프레소 머신
· 피쳐
· 스테인리스 시럽 볼 또는 샷 잔
· 바 스푼과 큰 스푼
· 아이스 에스프레소 잔

· 에스프레소 원두
· 우유
· 설탕 시럽
· 각 얼음

Recipe

· 에스프레소 : 2샷(추출량 : 50~60ml, 크레마 포함)
· 설탕 시럽 : 15~20ml
· 우유 : 175ml

· 우유 거품 : 1cm 이상
· 각 얼음 : 8~10개(180g)

만들기(국가직무능력표준)

① 400ml 거품기에 우유를 1/3 정도 넣고 45℃로 데워 우유 거품(Foamed Milk)을 만든 다음 뚜껑을 열어 놓는다.

② 스팀 피쳐(600ml)에 얼음 반을 채운다.

③ 스테인리스 시럽 볼에 에스프레소 2샷(추출량 : 50~60ml, 크레마 포함)을 추출한다.

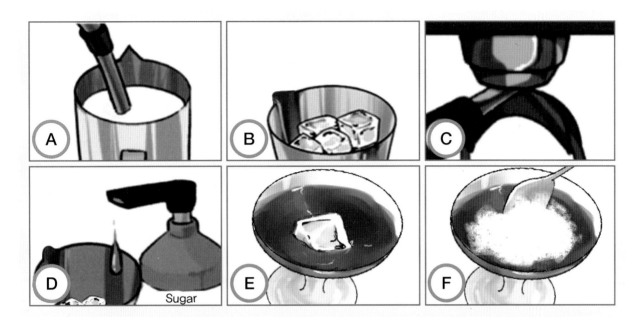

④ 스팀 피쳐에 설탕 시럽 15~20ml를 담는다(선택 사항). 플레인 시럽 대신 각종 향이 첨가된 시럽을 사용할 수 있다.

⑤ 추출된 에스프레소 2샷을 스팀 피쳐에 담는다.

⑥ 바 스푼으로 잘 저어서 급속으로 냉각시킨다.

⑦ 아이스 에스프레소 잔(200ml)에 얼음 1개를 먼저 넣고 부어 준다.

⑧ 거품 기를 잘 흔들어 우유 거품을 곱게 만든다.

⑨ 아이스 에스프레소 위에 큰 스푼으로 우유 거품을 3~4 스푼(1cm 이상) 올려 완성한다.

만들기

① 피쳐에 우유 120ml 정도를 넣고 45℃ 정도로 데워 우유 거품(Foamed Milk)을 만든다.

② 600ml 스팀 피쳐에 얼음을 반 채운다.

③ 에스프레소 2샷(추출량 : 50~60ml, 크레마 포함)을 스테인리스 시럽 볼이나 샷 잔에 추출한다.

④ 스팀 피쳐에 설탕 시럽 15~20ml를 넣고 ③의 에스프레소 2샷을 추가로 넣어 바 스푼으로 잘 저어 냉각시킨다.

⑤ 200ml의 아이스 에스프레소 잔에 얼음 1개를 먼저 넣고 그 위에 부어준다.

⑥ 큰 스푼으로 우유 거품을 아이스 에스프레소 위에 1cm 이상(3~4스푼) 올려 완성한다.

차가운 우유만 사용할 경우 고소한 맛이 상대적으로 떨어지기 때문에 살짝 데운 우유를 사용하는 것이 좋다.

아이스 카페 모카

- 진한 에스프레소에 초콜릿 소스와 휘핑 크림이 잘 어우러져
  달콤하고 고소한 맛을 느낄 수 있는 커피

 메뉴명

· Iced Caffè Mocha

 재료·기계 및 도구

· 에스프레소 머신	· 초콜릿 파우더
· 그라인더	· 우유
· 에스프레소 원두	· 휘핑 크림
· 초콜릿 소스	· 각 얼음
· 초콜릿 시럽	

 Recipe

· 에스프레소 : 2샷(추출량 : 50~60ml, 크레마 포함)	· 초콜릿 시럽 : 적당량
· 초콜릿 소스 : 30ml	· 초콜릿 파우더 : 20~25g
· 냉장 우유 : 150~180ml	· 각 얼음 : 8~10개(180g)
· 휘핑 크림 : 적당량	

 만들기 (국가직무능력표준)

① 아이스 음료용 잔(360~400ml)에 에스프레소 2샷(추출량 : 50~60ml, 크레마 포함)을 추출한다.(소스를 먼저 넣을

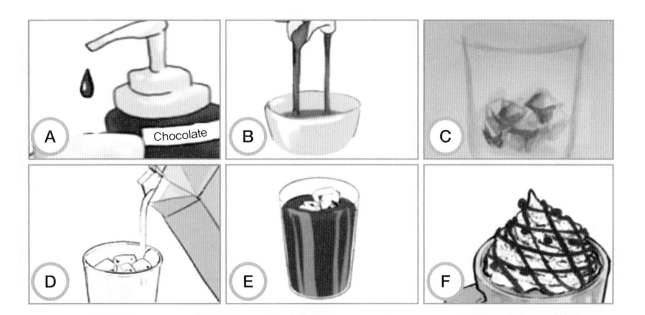

경우 에스프레소와 잘 섞기가 힘든다.)

② 초콜릿 소스 15ml와 초콜릿 파우더 10g을 넣고 잘 저어준다.

③ 차가운 우유 150~180ml를 붓는다.

④ 얼음을 가득 채운다.

⑤ 휘핑 크림을 얹는다.

⑥ 초콜릿 소스로 드리즐(drizzle : 액체를 조금 붓거나 뿌려 마무리하는 것)하고 초콜릿 파우더로 장식하여 완성한다.

🍀 만들기

① 아이스용 잔에 초콜릿 소스 30ml를 넣는다.

② 초콜릿 소스가 담긴 잔에 에스프레소 2샷(추출량 : 50~60ml, 크레마 포함)을 추출한다.

③ 아이스 음료용 잔(360~400ml)에 얼음을 8~10개(180g) 넣어 가득 채운다.

④ 얼음 잔에 차가운 우유 150~180ml를 붓는다.

⑤ 유리 잔에 에스프레소와 초콜릿 소스를 잘 섞어서 컵의 중앙에 붓는다.

⑥ 휘핑 크림을 얹고 초콜릿 소스와 초콜릿 파우더로 장식하여 완성한다.

아이스 캐러멜 마키아토

- 에스프레소에 캐러멜 소스를 녹인 후 우유를 붓고 우유 거품(Foamed Milk)으로 점을 찍는 메뉴

 메뉴명

· Iced Caramel Macchiato

 재료·기계 및 도구

- · 에스프레소 머신
- · 거품 기
- · 에스프레소 원두
- · 우유

- · 캐러멜 시럽
- · 캐러멜 소스
- · 각 얼음

 Recipe

- · 에스프레소 : 2샷(추출량 : 50~60ml, 크레마 포함)
- · 캐러멜 시럽 : 15~20ml
- · 캐러멜 소스 : 적당량

- · 찬 우유 : 150ml
- · 우유 거품 : 1cm 이상
- · 각 얼음 : 8~10개(180g)

 만들기(국가직무능력표준)

① 거품 기(400ml 용량)에 설탕 시럽 20~30ml를 담는다.
② 거품 기에 찬 우유 150ml를 담는다.
③ 거품기에 담긴 우유를 45℃ 정도로 데운 후, 펌핑을 약 20회 해서 우유 거품(Foamed Milk)을 만든 다음 뚜껑을 열어 놓는다.

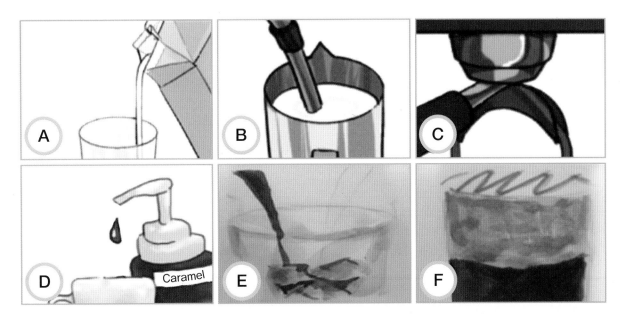

④ 아이스 음료용 잔(450ml, 15oz)에 얼음 8부(6~7개, 150g) 정도 담는다.

⑤ 거품 기를 잘 흔들어 우유 거품을 곱게 만든다.

⑥ ④의 잔에 스푼으로 거품을 막고 먼저 우유를 부어 준 후, 거품을 천천히 0.5cm를 비우고 부어 준다. 거품이 생기면 잔을 바닥에 툭툭 쳐서 거품을 없애 준다.

⑦ 우유를 부어 놓고 에스프레소 2샷(추출량 : 50~60ml, 크레마 포함)을 추출한다.

⑧ 우유와 우유 거품이 분리가 되었는지 확인한다.

⑨ 우유와 우유 거품이 분리가 되면 잔의 5cm 위에서 빠르게 부어 완성한다.

만들기

① 피쳐에 우유 120ml 정도를 넣고 45℃ 정도로 데워 우유 거품(Foamed Milk)을 만든다.

② 에스프레소 2샷(추출량 : 50~60ml, 크레마 포함)을 스테인리스 시럽 볼이나 샷 잔에 추출한다.

③ 450ml 아이스 잔에 캐러멜 시럽을 15~20ml와 캐러멜 소스 15~20ml를 넣고 바스푼으로 잘 저어준다.

④ 얼음을 반 채운 다음 우유와 우유 거품을 1cm 이상(3~4스푼) 올린다.

⑤ 캐러멜 소스를 드리즐 해서 완성한다.

스트로우(Straw : 액체 상태의 음료에 꽂아 빨아 마시는데 쓰는 도구, 폴리프로필렌, 폴리스타이렌 등의 플라스틱류가 대부분이나 최근 종이 스트로우도 사용되고 있다.)를 이용해서 먼저 우유 거품을 머금고 커피와 우유도 같이 흡입한 후에 입속에서 혼합해서 마신다.

038

아이스 캐러멜 모카

 메뉴명

· Iced Caramel Mocha

 재료·기계 및 도구

· 에스프레소 머신
· 그라인더
· 휘핑 기
· 에스프레소용 원두
· 초콜릿 소스

· 캐러멜 시럽과 캐러멜 소스
· 우유
· 휘핑 크림
· 각 얼음
· 코코아 파우더

 Recipe

· 에스프레소 : 2샷(추출량 : 50~60ml, 크레마 포함)
· 얼음 : 8~10개(180g)
· 초콜렛 소스 : 7.5ml
· 캐러멜 시럽 : 10.5ml

· 캐러멜 소스 : 적당량
· 우유 : 150~180ml
· 우유 거품 또는 휘핑 크림 : 1cm 이상

 만들기(국가직무능력표준)

① 에스프레소 2샷(추출량 : 50~60ml, 크레마 포함)을 추출한다.

② 아이스 음료용 잔(400~450ml)에 에스프레소를 넣고 초콜렛 소스 15ml와 캐러멜 시럽 20ml를 넣고 잘 저어준다.

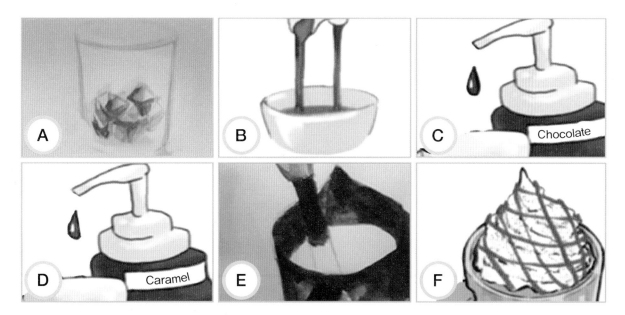

③ 아이스 음료용 ②잔에 우유 150ml를 넣은 후 각 얼음 채운다.

④ 우유 거품기로 거품을 내어 우유 거품(Foamed Milk) 1cm 이상 올리거나 또는 휘핑 크림을 올려준다.

⑤ 캐러멜 소스로 드리즐해서 완성한다.

💗 만들기

① 아이스 음료용 잔(400~450ml)에 얼음 8~10개를 넣는다.

② 에스프레소 2샷(추출량 : 50~60ml, 크레마 포함)을 추출한다.

③ 아이스 음료용 잔에 에스프레소를 넣고 초콜렛 소스 7.5ml(0.5펌프), 캐러멜 시럽 15ml(1.5펌프)를 넣고 잘 녹인다.

④ 우유 150~180ml와 우유 거품(Foamed Milk) 1cm 이상 올리거나 또는 우유를 붓고 휘핑 크림을 1cm 이상 올려준다.

⑤ 캐러멜 소스로 드리즐해서 완성한다.

☕ 휘핑 크림의 아산화질소(N_2O)는 농도가 높지 않고 휘핑 크림이 가스를 강하게 잡아놓지 않아 건강에 위험하지 않다.

아이스 에스프레소

메뉴명

· Iced Espresso

· Shkeratto

재료·기계 및 도구

· 에스프레소 머신
· 스팀 피쳐
· 믹싱 틴과 믹싱 볼
· 바 스푼

· 에스프레소용 원두
· 설탕 시럽
· 각 얼음

Recipe

· 에스프레소 : 2샷(추출량 : 50~60ml, 크레마 포함)
· 설탕 시럽 : 15ml

· 각 얼음 : 적당량

만들기(국가직무능력표준)

여기서는 쉐이킹하지 않고 만드는 방법을 소개한다.

① 스팀 피쳐에 각 얼음을 6~7개 정도 넣는다.

② 에스프레소 도피오(추출량 : 50~60ml, 크레마 포함)를 받아서 얼음이 든 스팀 피쳐에 붓는다.

③ 바 스푼으로 충분히 저어서 냉각시킨다.

④ 미리 시원함을 유지하기 위해 잔에 얼음을 1개 정도 넣는다.

⑤ 바 스푼으로 각얼음이 흘러내리지 않도록 조심해서 막으면서 ③을 아이스 에스프레소 잔에 옮겨 완성한다.

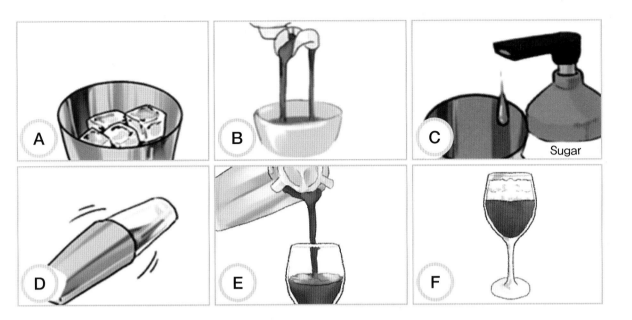

① 믹싱 턴과 믹싱 볼을 준비하고 믹싱 턴에 얼음을 7부 정도 담는다.

② 에스프레소 도피오(추출량 : 50~60ml, 크레마 포함)를 추출한다. 그리고 냉수와 설탕 시럽(15ml)을 준비한다.

③ 얼음이 담긴 믹싱볼에 설탕시럽 15ml를 붓고 에스프레소 2샷과 냉수를 첨가한 다음 믹싱 볼을 결합하고 빠르게
약 10번 정도 흔들어 준다.

④ 믹싱 턴과 믹싱 볼을 분리하여 테이블에 두드리고 돌려 주기를 반복하면 아주 고운 거품이 만들어 진다.

⑤ 아이스 잔을 약간 기울인 상태에서 믹싱 턴을 흔들면서 얼음과 같이 적정한 잔에 부어 완성한다.

아이스 에스프레소를 제공하는 데 사용되는 글라스는 소서형 샴페인 글라스(saucer champagne glass)로 용량은 120~
150ml(4~5oz)이며 샴페인을 마실 때 건배용으로 사용하는 글라스이다.

040

아이스 라떼 마키아토

- 에스프레소에 설탕 시럽을 녹인 후 우유를 붓고 우유 거품(Foamed Milk)으로 점을 찍는 메뉴
- 차가운 우유만 사용할 경우 고소한 맛이 상대적으로 떨어진다.

 메뉴명

· Iced Latte Macchiato

재료·기계 및 도구

- · 에스프레소 머신
- · 스테인리스 시럽 볼이나 샷 잔
- · 거품기(NCS기반: 400ml용)

- · 에스프레소 원두
- · 우유
- · 설탕 시럽

- · 각 얼음

 Recipe

- · 에스프레소 : 2샷(추출량 : 50~60ml, 크레마 포함)

- · 설탕 시럽 : 15~30ml
- · 우유 : 150~175ml

- · 우유 거품 : 1cm 이상
- · 각 얼음 : 약 8~10개(180g)

 만들기(국가직무능력표준)

① 400ml 거품기에 설탕 시럽 20~30ml를 담는다.

② 거품기에 찬 우유 150ml를 계량해서 담는다.

③ 거품기의 우유를 45℃ 정도로 데운 후, 펌핑을 약 20회 해서 우유 거품(Foamed Milk)을 만든 다음 뚜껑을 열어 놓는다.

④ 아이스 음료용잔(450ml: 15oz)에 각 얼음 6~7개(150g)를 8부 정도 담는다.

⑤ 거품기를 잘 흔들어 우유 거품을 곱게 만든다.

⑥ 준비된 잔에 스푼으로 거품을 막고 먼저 우유를 부어 준 후, 거품을 천천히 0.5cm를 비우고 부어 준다. 거품이 생기면 잔을 바닥에 툭툭 쳐서 거품을 없애 준다.

⑦ 우유를 부어 놓고 에스프레소 2샷(추출량 : 50~60ml, 크레마 포함)을 추출한다.

⑧ 우유와 우유 거품이 분리 되었는지 확인하고 분리가 되면 5cm 위에서 빠르게 부어 완성한다.

만들기

① 피쳐에 설탕 시럽 20~30ml를 넣고 찬 우유 150ml 정도를 넣고 45℃ 정도로 데워 우유 거품(Foamed Milk)을 만든다.

② 아이스 음료잔(450ml)에 얼음을 8부(150g)를 담는다.

③ 에스프레소 2샷(추출량 : 50~60ml, 크레마 포함)을 스테인리스 시럽 볼이나 샷 잔에 추출한다.

④ 아이스 음료잔에 스푼으로 거품을 막고 먼저 우유를 붓는다. 거품은 상단 0.5cm를 비우고 부어 준다.(③과 ④의 순서가 바뀌어도 무방)

⑤ 우유와 우유 거품이 분리가 되었는지 확인한다.

⑥ 분리가 되면 중앙에 빠르게 부어 완성한다.

tip

먹는 방법은 스트로우를 이용해서 먼저 우유 거품을 머금고 커피와 우유도 같이 흡입한 후에 입속에서 혼합해서 마신다.

아이리쉬 커피

- 1942년 아일랜드 서부 포인즈 터미널(Foynes Terminal : 수상비행기) 레스토랑의
조셉 셰리단(Joseph Sheridan) 바텐더가 추운 승객들을 위해 만든 칵테일

 **메뉴명**

· Irish Coffee

· 아일랜드어로 Caife Gaelach

 재료 · 기계 및 도구

· 아이리쉬 위스키(Irish Whisky)
· 커피(핸드드립 추출 커피 또는 에스프레소)
· 아이리쉬 커피잔 또는 머그 글라스(Glass),
  부르고뉴 글라스
· 지그 글라스와 바 스푼

· 휘핑 크림
· 시나몬 파우더 또는 스틱
· 레몬
· 황설탕(Brown Sugar)

 Recipe

· 아이리쉬 위스키 : 30~45ml
· 핸드드립 추출 커피 : 180ml(또는 에스프레소 30ml)
· 레몬 : 1조각
· 휘핑 크림 : 적당량

· 황설탕 : 1티 스푼
– 묻히는 기법(Rimming)

만들기

① 핸드드립으로 커피 180ml(6oz)를 추출한다. 또는 에스프레소 30ml를 추출한다.

② 잔의 가장자리 림(Rim) 부분을 빙 돌려가며 테두리에 레몬으로 레몬 즙을 묻힌다.

③ 잔을 뒤집어서 림 부분에 황설탕을 찍는다.(림 부분에 황설탕을 바르지 않고 그냥 넣기도 한다.)

④ 핸드드립 커피 180ml 또는 추출한 에스프레소 30ml에 뜨거운 물 150ml를 섞은 아메리카노 180ml를 아이리쉬
잔(머그 글라스 또는 부르고뉴 글라스)에 붓는다.

⑤ 아이리쉬 위스키 30~45ml(1~1.5oz)를 아이리쉬 커피잔에 넣고 저어준다.

⑥ 휘핑한 생크림을 층이 생기도록 얹어주고 시나몬 스틱을 꼽아주거나 파우더를 뿌려준다.

 tip

• 베이스가 브랜디이면 로열 커피, 아이리쉬 위스키 대신 베일리스를 쓰면 베일리스 커피

• 마실 때 크림 사이로 커피가 흘러나오도록 하면서 반드시 크림과 커피를 동시에 맛보아야 제 맛을 느낄 수 있다. 휘저어 크
림과 커피를 섞어서는 안된다.

마카다미아 (카페) 라떼

 메뉴명

· Macadamia (Caffè) Latte

 재료·기계 및 도구

· 에스프레소용 원두
· 에스프레소 머신
· 그라인더

· 피쳐
· 우유
· 마카다미아 시럽

 Recipe

· 에스프레소 : 1샷(추출량 : 25~30ml, 크레마 포함)
· 스팀 우유 : 200ml
· 우유 거품 : 0.5cm 미만
· 마카다미아 시럽 : 30ml

 만들기

① 예열된 잔에 마카다미아 시럽 30ml를 넣는다.
② 시럽이 담긴 라떼 잔에 에스프레소 1샷(추출량 : 25~30ml, 크레마 포함)을 추출한다.
③ 우유 200ml를 스티밍하여 라떼 거품을 낸다.
④ 잔에 우유 거품(Foamed Milk)을 0.5cm 미만으로 올려 완성한다.

043

트로피컬 커피

• 노란 레몬과 파랑의 불꽃 그리고 진한 커피색의 빛깔이 조화를 이룬다.

 메뉴명

· Tropical Coffee

 재료·기계 및 도구

· 에스프레소 머신
· 아이리쉬 커피 글라스
· 지거 글라스(Jigger Glass) 또는 샷잔
· 바 스푼
· 에스프레소 원두

· 화이트 럼(White Rum)
· 설탕
· 레몬 둥근 조각
· 라이터(성냥)

 Recipe

· 에스프레소 : 2샷(추출량 : 50~60ml, 크레마 포함)
· 화이트 럼(White Rum) : 120ml
· 설탕 : 10g
· 레몬 둥근 조각 : 1개
· 뜨거운 물 : 40~50ml

![만들기]

① 에스프레소 2샷(추출량 : 50~60ml, 크레마 포함)을 추출하여 뜨거운 물 40ml을 추가하여 100ml 커피액을 만든
　다.(핸드드립 추출 커피 100ml도 가능하다.)

② 아이리쉬 커피 글라스에 ①의 커피 액을 붓고 설탕 10g을 넣어 섞어준다.

③ ②의 잔위에 레몬 둥근 조각 1개를 띄운다.

④ 화이트 럼 120ml를 ③의 잔에 서서히 따른다.

⑤ ④의 잔에 살며시 불을 붙여 완성한다.

 tip

파란색의 불꽃과 노란 레몬의 운치가 커피의 맛을 돋운다.

044

바닐라 (카페) 라떼

• 시럽의 종류에 따라 맛이 달라진다.

 메뉴명

· Vanilla (Caffè) Latte

 재료·기계 및 도구

· 에스프레소 머신
· 그라인더
· 피쳐
· 에스프레소용 원두

· 바닐라 시럽
· 우유

 Recipe

· 에스프레소 : 1샷(추출량 : 25~30ml, 크레마 포함)
· 스팀 우유 : 200ml
· 우유 거품 : 0.5cm 미만
· 바닐라 시럽 : 30ml

 만들기

① 예열된 잔에 바닐라 시럽 30ml를 넣는다.

② 시럽이 담긴 잔에 에스프레소 1샷(추출량 : 25~30ml, 크레마 포함)을 추출한다.

③ 우유 200ml를 스티밍하여 라떼 거품을 낸다.

④ 잔에 우유 거품(Foamed Milk)을 0.5cm 미만으로 올려 완성한다.

☕ **바닐라(Vanilla)**

덩굴 다육성 식물로 15m까지 자란다. 독특한 향기는 꼬투리를 수확한 후 발효와 건조를 반복한 후에 향을 발휘한다.

045

카푸치노

- 로마 신부님(가톨릭 수도사)이 쓴 모자(흰 모자에 띠가 두른 모양)에서 유래되었다.
- 우유와 우유 거품의 조화를 이루는 메뉴
- 카푸치노잔에 에스프레소 1샷을 추출하여 데운 우유(Steamed Milk) 8부 정도에 우유 거품 1~1.5cm 높이로 얹는다.

 메뉴명

· Wet Cappuccino

 재료·기계 및 도구

- 에스프레소 머신과 그라인더
- 카푸치노 잔(150~180ml) 세트
- 피쳐

- 에스프레소용 원두
- 우유

 Recipe

- 에스프레소 : 1샷
- 사용 원두: 6.5~10g
- 추출 시간 : 25~30초

- 추출량 : 25~30ml(크레마 포함)
- 추출 온도 : 65~70℃
- 우유와 우유 거품 : 100~120ml

 만들기(국가직무능력표준)

① 두 잔용 600ml 스팀 피쳐에 우유 200ml(피쳐에 담았을 때 코에서 0.5~1cm 아래)를 따른다. 한 잔용의 경우 300ml 스팀 피쳐에 우유 120ml(스팀 피쳐 코에서 1cm 아래)를 담는다.

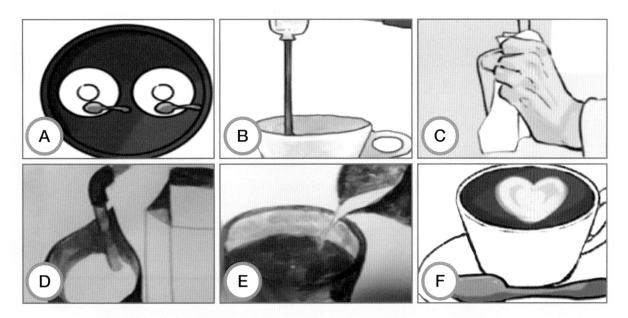

② 카푸치노 잔(150~180ml)에 에스프레소 1샷(추출량 : 25~30ml, 크레마 포함)을 추출한다.

③ 카푸치노 우유 거품(Foamed Milk)을 만든다.

④ 잘 만들어진 데운 우유(Steamed Milk)를 보조 용기에 100~120ml를 넣는다.

⑤ 카푸치노 잔에 우유와 우유 거품을 잘 혼합하여 가득 부어 완성한다.

 만들기

① 잔 예열과 잔 받침 및 스푼을 세팅한다.

② 에스프레소 1샷(추출량 : 25~30ml, 크레마 포함)을 추출한다.

③ 스티밍하여 카푸치노용 데운 우유를 만든다.

④ 데운 우유를 에스프레소가 추출된 잔 위에 넣는다.

⑤ 하트 등 간단한 모양을 만들어 카푸치노(Wet Cappuccino)를 완성한다.

라떼 잔보다 작은 잔을 사용하며 우유 거품을 부드럽게 만드는 것이 포인트다.

● 카푸치노의 에스프레소 : 우유 : 우유거품의 비율은 1 : 2 : 3 (30ml : 60ml : 90ml)이 좋은 비율이다.

● 응용방법으로 모카(초콜릿) 카푸치노, 캐러멜 카푸치노, 바닐라 카푸치노, 헤이즐넛 카푸치노 등의 카푸치노는 각종 시럽(초콜릿 시럽, 캐러멜 시럽, 바닐라 시럽, 헤이즐럿 시럽 등) 10~15ml를 먼저 넣어서 위와 동일한 방법으로 만든다.

화이트 러시안

• 블랙 러시안에 휘핑 크림을 띄운 것으로
흰색의 블랙 러시안이란 상대적인 의미로 볼 수 있다.

 메뉴명

· White Russian

 재료·기계 및 도구

· 에스프레소 머신
· 올드 패션드 글라스(Old Fashioned Glass)
· 지거 글라스(Jigger Glass) 또는 샷 잔
· 바 스푼
· 에스프레소 원두

· 보드카(Vodka)
· 깔루아(Kahlua)
· 휘핑 크림
· 각 얼음

 Recipe

· 에스프레소 : 2샷(추출량 : 50~60ml, 크레마 포함)
· 보드카 : 30~40ml
· 깔루아 : 15~20ml
· 휘핑 크림 : 적당량(약 30g)

· 각 얼음 : 4개 정도
– 일반적으로 보드카와 깔루아의 비율은 2:1
– 휘젓는 기법(Stirring)

 만들기

① 올드 패션드 글라스에 각 얼음 4개를 넣어 잔을 냉각 시켜준다.

② 지거 글라스(Jigger Glass)에 보드카 40ml를 따른다.

③ 올드 패션드 글라스에 보드카 40ml를 넣는다.

④ ③의 잔에 깔루아 20ml를 붓는다.

⑤ ④잔 위에 휘핑 크림 30ml를 바 스푼의 등에 대고 부어 완성한다.

애플 망고 에이드

메뉴명

· Apple Mango Ade

재료 · 기계 및 도구

· 아이스 음료용 잔
· 바 스푼
· 애플 망고 파우더
· 온수

· 애플 망고 에이드 원액
· 각 얼음
· 탄산수(또는 사이다)

Recipe

· 애플 망고 파우더 : 20ml
· 온수 : 10ml
· 애플 망고 에이드 원액 : 10ml

· 각 얼음 : 4개
· 탄산수(사이다) : 110ml

만들기

① 아이스 음료용 잔에 애플 망고 파우더 20ml를 넣어준다.
② 온수 10ml를 넣고 바 스푼(Bar Spoon)으로 잘 저어준다.
③ 파우더가 어느 정도 녹으면 애플 망고 에이드 원액 10ml를 넣는다.
④ 각 얼음 4개를 잔에 넣는다.
⑤ 탄산수(또는 사이다) 110ml를 잔에 넣어준다.
⑥ 잘 섞이도록 한 번 더 저어준 뒤 완성한다.

048

블랙 & 화이트

메뉴명

· Black & White

재료·기계 및 도구

- · 에스프레소 머신
- · 그라인더
- · 에스프레소용 원두
- · 바닐라 시럽

- · 휘핑 크림
- · 레인보우
- · 원두
- · 온수

Recipe

- · 에스프레소 : 2샷(추출량 : 50~60ml, 크레마 포함)
- · 바닐라 시럽 : 20ml
- · 휘핑 크림 : 적당량

- · 레인보우 : 소량
- · 원두 : 1알
- · 온수 : 30ml

만들기

① 에스프레소 2샷(추출량 : 50~60ml, 크레마 포함)을 추출한다.

② 추출한 에스프레소 2샷을 준비된 잔에 붓는다.

③ 에스프레소 2 : 온수 1의 비율로 온수를 붓는다.

④ 바닐라 시럽 20ml를 넣어준다.

⑤ 잘 저어준 후 휘핑 크림 적당량을 올려준다.

⑥ 레인보우를 뿌리고 원두 1알을 중앙에 올린 뒤 완성한다.

049

블랙 포레스트 커피

 메뉴명

· Black Forest Coffee

 재료·기계 및 도구

· 드리퍼
· 서버
· 종이 필터
· 드립 포트
· 핸드드립용 원두

· 초콜릿 시럽
· 체리 주스(Cherry Juice)
· 휘핑 크림
· 초콜릿 칩/파우더
· 체리

 Recipe

· 초콜릿 시럽 : 10ml
· 체리 주스 : 10ml
· 휘핑 크림 : 가득

· 초콜릿 칩/파우더 : 적당량
· 체리 : 1개
· 핸드드립 추출커피 : 200ml

 만들기

① 핸드드립용 원두를 분쇄, 종이 필터로 걸러 커피 200ml를 추출한다.
② 추출한 핸드드립 추출커피 200ml를 잔에 준비한다.
③ 초콜릿 시럽 10ml, 체리 주스 10ml를 넣어 잘 섞어준다.
④ 휘핑 크림을 가득 올린다.(커피와 안 섞이게 주의)
⑤ 초콜릿 칩이나 파우더를 뿌려주고 체리를 중앙에 올려 완성한다.

블루베리 스무디

메뉴명

· Blueberry Smoothie

재료·기계 및 도구

· 빙삭기(블렌더)
· 아이스 음료용 잔
· 얼음

· 블루베리 잼
· 블루베리 시럽
· 요거트 파우더

Recipe

· 블루베리 잼 : 1스쿱
· 블루베리 시럽 : 20ml

· 요거트 파우더(Yoghurt Powder) : 20ml
· 얼음 : 한 컵

만들기

① 블루베리 잼을 1스쿱 빙삭기(블렌더)에 넣어준다.

② 블루베리 시럽 20ml를 빙삭기에 넣어준다.

③ 요거트 파우더 20ml와 얼음 한 컵 가득하게 빙삭기에 넣는다.

④ 잘 갈아준 뒤 아이스 음료용 잔에 담아 완성한다.

스무디(Smoothie)는 신선한 과일 등을 얼려서 갈아 만든 음료. 두유, 분말가당훼이(훼이 파우더, 유장), 녹차, 단백질 파우더 등을 선택적으로 넣어주기도 한다.

051

브라우너

 메뉴명

· Brauner

 재료·기계 및 도구

· 에스프레소 머신
· 그라인더
· 스팀 피쳐

· 에스프레소용 원두
· 우유

 Recipe

· 에스프레소 : 2샷(추출량 : 50~60ml, 크레마 포함)   · 우유 : 90ml

 만들기

① 에스프레소 2샷(추출량 : 50~60ml, 크레마 포함)을 추출한다.

② 추출한 에스프레소를 잔에 붓는다.

③ 우유 90ml를 스팀 피쳐에 붓고 스티밍한다.

④ 데운 우유를 1 : 1.5 비율로 에스프레소에 부어 완성한다.

🫘 에스프레소 1 : 우유 1.5 정도의 비율의 카페 라떼

052

버터 커피

메뉴명

· Butter Coffee

재료·기계 및 도구

· 에스프레소 머신
· 그라인더
· 에스프레소용 원두

· 온수
· 버터
· 설탕

Recipe

· 에스프레소 : 2샷(추출량 : 50~60ml, 크레마 포함)
· 온수 : 250ml

· 버터 : 적당량
· 설탕 : 적당량

만들기

① 에스프레소 2샷(추출량 : 50~60ml, 크레마 포함)을 추출한다.
② 추출된 에스프레소를 잔에 붓는다.
③ 온수 250ml를 부어준다.
④ 버터를 넣어준다.
⑤ 설탕은 기호에 따라 넣어 완성한다.

동양보다는 서구사람들이 즐기는 메뉴로서 특히 추운 겨울에 마시면 속이 따뜻해져서 한결 편안한 커피이다. 버터 조각이 완전히 녹게 되면 컵 주위에 버터가 붙어 모양이 좋지 않으므로 식기 전에 마시는 게 좋다.

053

브리브

- Breve는 이탈리아어로 '짧은', '간결한' 뜻이다.
- 휘핑 크림을 스티밍하여 훨씬 부드럽다.

 메뉴명

· Breve

 재료·기계 및 도구

- 에스프레소 머신
- 그라인더
- 피쳐

- 에스프레소용 원두
- 우유
- 휘핑 크림

 Recipe

- 에스프레소 : 1샷(추출량 : 25~30ml, 크레마 포함)
- 우유 : 100ml

- 휘핑 크림 : 100ml

 만들기

① 잔 예열과 잔 받침 및 티 스푼을 세팅한다.
② 에스프레소 1샷(추출량 : 25~30ml, 크레마 포함)을 추출한다.
③ 피쳐에 우유와 휘핑 크림을 1 : 1로 넣고 스티밍한다.
④ ②의 잔에 스티밍한 우유와 휘핑 크림을 붓는다. 크레마와 두꺼운 거품 층이 잘 섞이게 하여 완성한다.

054

카페 오레

- 커피와 우유란 의미의 프랑스 풍 커피이다. 프렌치프레스 또는 드립 커피를 사용하며 단순히 데운 우유를 사용함

 메뉴명

- Café au Lait
- 레(Lait)는 우유를 뜻한다.

 재료·기계 및 도구

- 프렌치프레스 또는 핸드드립 추출 도구
- 데운 우유
- 그라인더

 Recipe

- 추출 커피 : 100~120ml
- 데운 우유 : 100~120ml

 만들기

① 잔 예열과 잔 받침 및 스푼을 세팅한다.
② 프렌치 프레스나 핸드드립 추출 도구로 커피 100~120ml를 추출한다.
③ 머그 잔 또는 음료용 잔에 커피를 담는다.
④ ③의 잔에 데운 우유 100~120ml 정도를 넣어 완성한다.

출처 : 변광인, 이소영, 조연숙, Espresso Theory & Business: 에스프레소 이론과 실무, 백산출판사, 2008, p.115.

카페 콘 레체

메뉴명

· Café Con Leche

재료·기계 및 도구

- · 에스프레소 머신
- · 그라인더
- · 스팀 피쳐
- · 에스프레소용 원두

- · 우유
- · 설탕
- · 막대 계피(Cinnamon Stick)
- · 조각 호두

Recipe

- · 에스프레소 : 2샷(추출량 : 50~60ml, 크레마 포함)
- · 우유 : 120ml
- · 설탕 : 5ml

- · 막대 계피
- · 조각 호두

만들기

① 에스프레소 2샷(추출량 : 50~60ml, 크레마 포함)을 추출한다.

② 우유 120ml를 스팀 피쳐에 붓고 스팀 한다.

③ 에스프레소와 우유를 1 : 2 비율로 섞는다.

④ 잔에 설탕 5ml를 먼저 넣고 그 위에 ③의 에스프레소와 우유를 넣는다.

⑤ 막대 계피와 조각 호두로 장식하여 완성한다.

Leche : 스페인어로 우유를 뜻한다. 카페 콘 레체는 밀크커피

카페 콘 미엘

메뉴명

· Café Con Miel

재료·기계 및 도구

· 냄비/소스 팬
· 드리퍼
· 서버
· 종이 필터
· 드립 포트

· 핸드드립용 원두
· 우유
· 꿀
· 시나몬 파우더(Cinnamon Powder)

Recipe

· 드립 추출 커피 : 150ml
· 우유 : 1/4컵

· 꿀 : 2티스푼(10ml)
· 시나몬 파우더 : 적당량

만들기

① 핸드드립 방법이나 프렌치 프레스를 이용하여 300ml 커피를 추출한다.

② 냄비나 소스 팬에 추출한 원두커피 150ml, 우유 1/4컵, 꿀 2티스푼, 시나몬 파우더 적당량을 넣고 약불 또는 중불에서 천천히 데워준다.(끓지 않도록 주의한다.)

③ 데우면서 꿀이 완전히 녹을 때까지 저어준다.

④ 준비한 잔에 담아 완성한다.

Miel : 벌꿀, 카페 콘 미엘은 스페인 커피

카페 프라페

 메뉴명

· Café Flappe

 재료·기계 및 도구

- 에스프레소 머신
- 그라인더
- 에스프레소용 원두
- 아이스 음료용 잔
- 설탕 시럽
- 아이스크림
- 휘핑 크림
- 초콜릿 파우더
- 얼음

 Recipe

- 에스프레소 : 1샷(추출량 : 25~30ml, 크레마 포함)
- 설탕 시럽 : 10ml
- 아이스크림 : 1스쿱(Scoop)
- 휘핑 크림 : 적당량
- 초콜릿 파우더 : 적당량

 만들기

① 에스프레소 1샷(추출량 : 25~30ml, 크레마 포함)을 추출한다.

② 아이스 음료용 잔에 설탕 시럽 10ml를 넣고 부순 얼음을 넣는다.

③ 추출한 에스프레소를 섞어 준다.

④ 그 위에 아이스크림 1스쿱을 얹은 후 휘핑 크림과 초콜릿 파우더로 완성한다.

058

카페 라 샤워

 메뉴명

· Café La Shower

 재료·기계 및 도구

· 에스프레소 머신
· 그라인더
· 에스프레소용 원두

· 아이스 음료용 잔
· 콜라(Cola)

 Recipe

· 에스프레소 : 1샷(추출량 : 25~30ml, 크레마 포함)
· 콜라 : 250ml

 만들기

① 에스프레소 1샷(추출량 : 25~30ml, 크레마 포함)을 추출한다.
② 추출한 에스프레소에 콜라 250ml를 섞어 완성한다.

❶ 에스프레소와 드립 커피에 콜라를 섞어서 만드는 메뉴로 일명 '커피콜라' 라고도 불린다.

059

카페 넛트

 메뉴명

· Café Nut

 재료·기계 및 도구

- 에스프레소 머신
- 그라인더
- 에스프레소용 원두
- 우유

- 초콜릿 시럽
- 휘핑 크림
- 초콜릿 파우더
- 땅콩 파우더, 아몬드 파우더, 호두 파우더

 Recipe

- 에스프레소 : 1샷(추출량 : 30ml, 크레마 포함)
- 우유
- 초콜릿 시럽 : 10ml

- 휘핑 크림 : 적당량
- 초콜릿 파우더

 만들기

① 에스프레소 1샷(추출량 : 30ml, 크레마 포함)을 추출한다.
② 잔에 초콜릿 시럽 10ml를 넣고 멜랑제를 만든다.
③ 휘핑 크림을 올려주고 초콜릿 파우더를 전체에 고르게 뿌려준다.
④ 땅콩 파우더, 아몬드 파우더, 호두 파우더를 잘 얹어 완성한다.

🫘 멜랑제 : coffee 1/2과 우유 1/2을 섞는 음료.

카페 발렌타인

 메뉴명

· Café Valentine

 재료·기계 및 도구

· 에스프레소 머신　　　　　　· 에스프레소용 원두
· 그라인더　　　　　　　　　· 우유
· 스팀 피쳐　　　　　　　　　· 초콜릿 시럽

 Recipe

· 에스프레소 : 1.5샷(추출량 : 40~50ml, 크레마 포함)　　· 초콜릿 시럽 : 10ml
· 우유 : 250ml

 만들기

① 잔 예열과 잔 받침 및 스푼을 세팅한다.

② 에스프레소 1.5샷(추출량 : 40~50ml, 크레마 포함)을 추출한다.

③ 초콜릿 시럽 10ml를 넣어준다.

④ 우유 250ml를 스팀 피쳐에 붓고 스티밍한다.

⑤ 데운 우유를 넣고 잘 저어준 뒤 거품을 얹고 완성한다.

카페 지뉴

- 포르투칼어로 '한 잔의 커피'
- 브라질 전통 커피

 메뉴명

· Café Zinho

 재료·기계 및 도구

- 주전자
- 천 드립 필터
- 데미타스 잔

- 물
- 그래뉴 당(또는 설탕)
- 강배전한 커피 분쇄가루

 Recipe

- 그래뉴 당 : 20g

- 강배전한 커피 추출액 : 60ml

 만들기

① 주전자에 물 60~70ml와 그래뉴 당 또는 설탕 20g을 넣고 끓인다.
② 끓기 시작하면 강하게 볶은 커피 분쇄가루 1티 스푼(5~8g)을 넣는다.
③ 천 드립 필터로 커피 찌꺼기를 걸러내어 완성한다.

브라질 사람들은 작은 잔으로 많게는 하루에 20잔 정도 마신다고 한다. 우유 스티밍을 하여 라떼로 마시기도 하고 술을 넣어 마시기도 한다.

아이스 더치커피

- 모든 커피 메뉴는 몇 시간내에 음용하나 더치 커피의 경우 매장외에서도 음용하는 경우가 많으므로 유통 과정에서는 변질 가능성이 있어 개봉 후 빠르게 음용해야 한다.

 메뉴명

· Iced Dutch Coffee

 재료·기계 및 도구

- · 아이스 음료용 잔과 잔 받침
- · 더치 원액
- · 냉수
- · 각 얼음

 Recipe

- · 더치 원액 : 30ml
- · 냉수 : 180ml
- · 각 얼음 : 8~10개

 만들기

① 잔 받침 및 티 스푼을 세팅한다.
② 아이스 음료용 잔에 각 얼음(8~10개)을 넣어 가득 담는다.
③ 얼음 잔에 냉수 180ml를 붓고, 더치 원액 30ml를 넣어 잘 저어준다.
④ 취향에 따라 더치 원액의 양을 가감하여 완성한다.

출처 : 한혜숙, 김순호, 구본철, 『First Coffee』, 한올출판사, 2013, p.187.

063

카페 드 올라

- 멕시코 전통 커피로 올라(Olla)라는 주전자로 우려낸 커피이다.

 메뉴명

· Caffè de Olla

 재료·기계 및 도구

- 올라(Olla) 또는 소스 팬
- 촘촘한 체 또는 면보
- 머그 잔
- 물

- 계피 스틱
- 흑 설탕
- 원두

 Recipe

- 물 : 500ml
- 계피 스틱 : 2개

- 흑 설탕 : 50g
- 중간 굵기로 분쇄한 원두 : 30ml

 만들기

① 올라(Olla) 또는 소스 팬에 물 500ml와 흑 설탕 50g 및 계피 스틱 2개를 넣고 서서히 데운다.

② 설탕이 다 녹을 때까지 균일하게 저으면서 끓인다.

③ 올라 또는 팬을 불에서 내린 다음, 뚜껑을 닫은 채 5분 동안 기다린다.

④ 중간 굵기로 분쇄한 원두 30ml 넣고 5분 동안 끓인다.

⑤ 촘촘한 체나 면보를 사이에 대고 머그 잔에 커피를 부어 완성한다.

출처 : 최가영 역, 아네트 몰배르 저, 『커피 중독, "원두 산지별 특징과 바리스타의 테크닉, 100여 가지 레시피 공개, Coffee Obsession"』, p. 169.

064

카페 아인슈페너

- 아인슈페너는 비엔나커피라고도 불린다. '한 마리의 말을 끄는'의 뜻

 메뉴명

· Caffè Einspänner　　　　　　　　· Viennese Coffee

 재료·기계 및 도구

- 에스프레소 머신
- 그라인더
- 에스프레소용 원두

- 휘핑 크림
- 온수

 Recipe

- 에스프레소 : 2샷(추출량 : 50~60ml, 크레마 포함)
- 휘핑 크림 : 100~120ml
- 코코아 파우더 : 적당량

- 온수 : 120~180ml
- 황설탕 : 8g
- 별도의 설탕과 초콜릿이 제공되기도 한다.

 만들기

① 잔 예열과 잔 받침 및 티 스푼을 세팅한다.

② 에스프레소 2샷(추출량 : 50~60ml, 크레마 포함)을 추출한다.

③ 잔에 뜨거운 물 100~120ml를 받는다.

④ 뜨거운 물이 담겨 있는 잔에 에스프레소를 붓는다. 황설탕 8g을 넣는다.

⑤ ④의 잔 위에 휘핑 크림을 올리고 코코아 파우더로 토핑하여 완성한다.(www.frances.menu 참고)

카페 마니에르

메뉴명

· Caffè Marnier

재료·기계 및 도구

· 에스프레소 머신 · 에스프레소용 원두 · 황설탕 시럽
· 그라인더 · 그랑 마니에르(Grand Marnier)
· 머그잔 또는 내열의 하이볼 글라스 · 휘핑 크림

Recipe

· 커피 추출액 : 90ml(3oz) · 황설탕 시럽 : 23ml(0.75oz) – 휘젓는 기법(Stirring)
· 그랑 마니에르 : 30ml(1oz) · 휘핑 크림 : 30g

만들기

① 머그 잔 또는 하이볼 글라스 잔을 예열한다.

② 에스프레소 1샷(추출량 : 25~30ml, 크레마 포함)을 추출한다.

③ ①의 잔에 ②를 넣고, 뜨거운 물 60ml 추가하여 90ml 커피액을 만든다.

④ 그랑 마니에르 30ml(1oz)를 살짝 데워 ③의 잔에 넣는다.

⑤ 황설탕 시럽 23ml(0.75oz)을 ④잔에 넣는다.

⑥ 휘핑 크림 30g을 넣고 원두 1개를 중앙에 올려 완성한다.(www.liquor.com)

🫘 그랑 마니에르는 코냑(Cognac)에 오렌지 향미를 가미한 프랑스산 리큐르(Liqueur)로써 병에 빨간 리본이 둘러져 있다.

066

카페 베일리스

메뉴명

· Caffè Bailey's

재료·기계 및 도구

· 에스프레소 머신
· 온수
· 베일리스
· 그라인더
· 설탕
· 휘핑 크림
· 에스프레소용 원두

Recipe

· 에스프레소 : 2샷(추출량 : 50~60ml, 크레마 포함)
· 온수 : 50ml
· 설탕 : 10ml
· 베일리스 : 20ml
· 휘핑 크림 : 적당량

만들기

① 잔 예열과 잔 받침 및 스푼을 세팅한다.

② 에스프레소 2샷(추출량 : 50~60ml, 크레마 포함)을 추출한다.

③ 온수 50ml를 붓는다.

④ 설탕 10ml와 베일리스 20ml를 넣어준다.

⑤ 완성된 음료 위에 휘핑 크림을 올려 완성한다.

🫘 베일리스(Baileys) : 원산지는 아일랜드이며 생크림 50%와 위스키 15% 등의 원료로 만들어진 리큐르이다.

067

카페 보르지아

- 르레상스 시대 보르지아 가문이 마시던 커피, 부르주아의 뜻

메뉴명

· Kaffee Borgia

재료·기계 및 도구

- · 에스프레소 머신
- · 그라인더
- · 에스프레소용 원두

- · 온수
- · 초콜릿 시럽
- · 초콜릿 파우더

- · 휘핑 크림

Recipe

- · 에스프레소 : 1샷(추출량 : 25~30ml, 크레마 포함)
- · 온수 : 80~100ml
- · 초콜릿 시럽 : 적당량
- · 휘핑 크림 : 적당량
- · 초콜릿 파우더 : 15g

만들기

① 잔 예열과 잔 받침 및 스푼을 세팅한다.

② 에스프레소 1샷(추출량 : 25~30ml, 크레마 포함)을 추출한다.

③ 투명 잔에 초콜릿 파우더 15g을 넣어준다.

④ ③에 온수 80~100ml을 넣고 바 스푼으로 잘 저은 후 에스프레소 1샷을 넣는다.

⑤ ④위에 휘핑 크림을 올린다.

⑥ 휘핑 크림 위에 초콜릿 시럽으로 드리즐해 완성한다.

🫘 질 좋은 초콜릿을 기호에 맞게 녹여 커피와 섞고 부드럽고 달콤한 크림을 위에 올려서 내는 커피이다.

캐러멜 프라페

- 프라페(Frappe)는 프랑스 어로 '얼음으로 차게 식히다'라는 의미로 여름철에 시원하게 마실 수 있는 아이스 메뉴이다.

 메뉴명

· Caramel Frappe

 재료·기계 및 도구

· 에스프레소 머신	· 캐러멜 소스	· 우유
· 에스프레소용 원두	· 캐러멜 시럽	· 휘핑 크림
· 빙삭기(블렌더)	· 각 얼음	

 Recipe

· 에스프레소 : 1샷(추출량 : 25~30ml, 크레마 포함)	· 캐러멜 시럽 : 15ml	· 우유 : 100ml
	· 분쇄 얼음 : 250g	· 휘핑 크림 : 적당량
· 캐러멜 소스 : 45ml		

 만들기

① 에스프레소 1샷(추출량 : 25~30ml, 크레마 포함)을 추출한다.
② 빙삭기(블렌더)에 추출한 에스프레소 1샷을 넣는다.
③ 빙삭기에 캐러멜 소스 45ml와 캐러멜 시럽 15ml를 넣는다.
④ 빙삭기에 우유 100ml와 각 얼음 250g을 넣고 갈아준다.
⑤ ④의 음료를 아이스 음료용 잔에 담아준다.
⑥ 음료 위에 휘핑 크림을 적당량 올려준다.
⑦ 휘핑 크림 위에 캐러멜 소스로 드리즐해서 완성한다.

 tip

캐러멜 소스 대신에 헤이즐럿 시럽으로 바꾸면 헤이즐럿 프라페가 된다.

시리얼 모카

 메뉴명

· Cereal Mocha

 재료·기계 및 도구

· 에스프레소 머신
· 그라인더
· 스팀 피쳐
· 에스프레소용 원두

· 우유
· 초콜릿 소스
· 초콜릿 파우더
· 밤, 땅콩, 호두, 아몬드, 시리얼, 크런키

 Recipe

· 에스프레소 : 2샷(추출량 : 50~60ml, 크레마 포함)
· 초콜릿 소스 : 20ml
· 초콜릿 파우더 : 10ml

· 우유 : 250ml
· 잘게 부슨 밤, 땅콩, 호두, 아몬드, 시리얼, 크런키

 만들기

① 잔 예열과 잔 받침 및 스푼을 세팅한다.
② 에스프레소 2샷(추출량 : 50~60ml, 크레마 포함)을 추출한다.
③ 잔에 추출한 에스프레소 2샷을 부은 다음, 초콜릿 소스 20ml와 초콜릿 파우더 10ml를 넣고 저어준다.
④ 우유 250ml를 스팀 피쳐에 넣고 스티밍한다.
⑤ 데운 우유를 ③에 붓고 잘 저어준 뒤 우유 거품을 올려준다.
⑥ 밤, 땅콩, 호두, 아몬드, 시리얼, 크런키(Crumky)를 부셔서 잘 섞어준 뒤 완성한다.

아이스 초콜릿(초코) 라떼

 메뉴명

· Iced Chocolate Latte

 재료·기계 및 도구

· 아이스 음료용 잔
· 바 스푼
· 초콜릿 파우더
· 초콜릿 소스

· 온수
· 각 얼음
· 우유

 Recipe

· 초콜릿 파우더 : 10ml
· 초콜릿 소스 : 10ml
· 각 얼음 : 4개

· 우유 : 150ml
· 온수 : 10ml

 만들기

① 아이스 음료용 잔에 초콜릿 파우더 10ml와 초콜릿 소스 10ml를 넣는다.
② 온수 10ml를 넣고 바 스푼으로 잘 저어준다.
③ 파우더와 소스가 어느 정도 녹으면 각 얼음 4개를 잔에 넣는다.
④ 우유 150ml를 넣는다.
⑤ 잘 섞이도록 한 번 더 저어준 뒤 완성한다.

각 나라별 Chocolate 단어
한국어 : 초콜릿(표준어), 초코
이탈리아어 : 초콜라타(Cioccolata)
프랑스어 : 쇼꼴라(Chocolate)
스페인어 : 초콜라떼(Chocolate)
(출처 : 나무위키)

생 레모네이드

• 레몬즙을 냉수나 얼음물에 타서 꿀, 설탕 등으로 단맛을 낸 것

 메뉴명

· Fresh Lemonade

 재료·기계 및 도구

· 착즙기
· 레몬
· 레몬 베이스

· 각 얼음
· 냉수
· 레몬 슬라이스

 Recipe

· 레몬 즙 : 1개(25g)
· 레몬 베이스 : 100ml
· 꿀 : 20ml

· 냉수 : 150ml
· 각 얼음 : 4~5개
· 레몬 슬라이스 : 1개

 만들기

① 레몬 1개를 착즙해 준다.

② 준비된 ①잔에 레몬 베이스 100ml를 넣는다.

③ 꿀 20ml를 넣는다.

④ 냉수 150ml를 넣는다.

⑤ 각 얼음 4~5개를 넣는다.

⑥ 음료 위에 레몬 슬라이스 1개로 데코하여 완성한다.

커피 플롯트

• 무더운 여름철 많이 애용하는 커피

메뉴명

· Coffee Float

재료·기계 및 도구

- · 에스프레소 머신
- · 그라인더
- · 롱 스푼
- · 스트로우
- · 에스프레소용 원두

- · 잘게 부순 얼음
- · 설탕 시럽
- · 바닐라 아이스크림
- · 휘핑 크림

Recipe

- · 에스프레소 : 2샷(추출량 : 50~60ml, 크레마 포함)
- · 설탕 시럽 : 10ml
- · 바닐라 아이스크림 : 1스쿱

- · 휘핑 크림 : 적당량
- · 잘게 부순 얼음 : 250g

만들기

① 에스프레소 2샷(추출량 : 50~60ml, 크레마 포함)을 추출한다.

② 큰 글라스에 잘게 부순 얼음을 가득 넣고 설탕 시럽 10ml를 붓는다.

③ ②에 추출한 에스프레소 2샷을 넣고 잘 저어준다.

④ ③에 바닐라 아이스크림 1스쿱을 얹고, 휘핑 크림을 적당량 올려준다.

⑤ 음료와 함께 롱 스푼과 스트로우를 함께 세팅하여 완성한다.

073

카페 마로치노

- 에스프레소와 우유가 아래 위로 층을 이루며 분쇄한 초콜릿으로 장식한 커피

 메뉴명

· Caffè Marocchino

 재료·기계 및 도구

- · 에스프레소 머신
- · 그라인더
- · 에스프레소용 원두

- · 우유
- · 초콜릿 파우더

- · 초콜릿 시럽 약간
- · 분쇄 초콜릿 약간

 Recipe

- · 에스프레소 : 1샷(추출량 : 25~30ml, 크레마 포함) 또는 리스트레토(ristretto)
- · 데운 우유 : 130~150ml

- · 우유 거품 : 2큰술
- · 초콜릿(잘게 부순 것) 또는 누텔라(Nutella) : 20g
- · 코코아 파우더 : 적당량

 만들기

① 잔 예열과 잔 받침 및 스푼을 세팅한다.

② 에스프레소 1샷(추출량 : 25~30ml, 크레마 포함) 또는 리스트레토(ristretto) 1샷을 추출한다.

③ 우유 130~150ml를 스티밍한다.

④ 투명 잔에 잘게 부순 초콜릿을 20g을 넣고(Nutella

를 쓰기도 한다.) 데운 우유만 부어 녹인다.

⑤ 우유 거품층이 나뉘고 난 뒤에 에스프레소 1샷을 넣는다.

⑥ 우유 거품을 큰 스푼으로 이용하여 ⑤에 올린다.

⑦ 코코아 파우더를 곱게 뿌려 완성한다.

🐾 마로치노(Marocchino) : 이탈리아 어로 '모로코(Morocco)'라는 뜻, 밝은 갈색(에스프레소)과 흰색(우유)의 조화로운 색상(모로코 색상) 대비를 의미한다.

아이스 더치 라떼

- 더치 원액에 우유를 더한 커피

 메뉴명

· Iced Dutch Latte

 재료·기계 및 도구

· 우유
· 더치 원액

· 설탕 시럽

 Recipe

· 우유 : 150ml
· 더치 원액 : 50ml

· 설탕 시럽 : 10ml

 만들기

① 얼음 잔에 찬 우유 150ml를 붓는다.
② 더치 원액 50ml를 넣어 완성한다.

 tip

- 취향에 따라 더치 원액의 양을 가감한다.
- 설탕 시럽을 10ml를 첨가하면 고소한 맛이 더 살아난다.
- 우유 대신 두유를 사용해도 맛이 좋다. 종류에 따라 비린 맛이 날 수 있다.

출처 : 한혜숙, 김순호, 구본철, 『First offee』, 한올출판사, 2013, p. 189.

075

콜드 모카 자와 (자바)

 메뉴명

· Cold Mocha Jawa　　　　　　· Cold Mocha Java

 재료·기계 및 도구

- · 에스프레소 머신
- · 그라인더
- · 글라스

- · 에스프레소용 원두
- · 커피 젤리
- · 우유

- · 아이스크림
- · 초콜릿 소스
- · 초콜릿 조각

 Recipe

- · 에스프레소 : 2샷(추출량 : 50~60ml, 크레마 포함)
- · 커피 젤리 : 적당량

- · 우유 : 100~120ml
- · 아이스크림 : 1스쿱

- · 초콜릿 소스 : 적당량
- · 초콜릿 조각 : 적당량

 만들기

① 에스프레소 2샷(추출량 : 50~60ml, 크레마 포함)을 추출한다.

② 글라스에 커피 젤리를 넣고 우유를 잔의 반정도인 100~120ml를 채워준다.

③ 추출한 에스프레소 2샷을 넣어준 뒤 아이스크림 1스쿱을 얹어준다.

④ 초콜릿 소스로 드리즐링 해준다.

⑤ 초콜릿 조각을 잘라 얹어 완성한다.

🫐 핫 모카 자와는 말 그대로 핫 커피를 이용하여 만드는 대신, 콜드 모카 자와는 아이스 커피를 이용하며, 커피 젤리와 초콜릿을 섞은 볼륨 있는 커피이다. 말레이인도네시아어 표기법으로 '자와'이며 영어이름으로 '자바(Java)'이다.

076

연유 라떼

메뉴명

· Condensed Milk Latte

재료·기계 및 도구

· 에스프레소 머신
· 그라인더
· 에스프레소용 원두

· 연유
· 우유
· 스팀 피쳐

Recipe

· 에스프레소 : 1샷(추출량 : 25~30ml, 크레마 포함)
· 연유 : 30ml

· 우유 : 250ml

만들기

① 잔 예열과 잔 받침 및 스푼을 세팅한다.

② 에스프레소 1샷(추출량 : 25~30ml, 크레마 포함)을 추출한다.

③ 준비된 잔에 연유 30ml을 넣고 저어준다.

④ 우유 250ml을 스팀 피쳐에 붓고 스티밍한다.

⑤ ③의 잔에 데운 우유를 붓고 잘 저어준 뒤 완성한다.

터키식 커피

- 터키식 커피는 '제즈베'라는 긴 손잡이가 달린 터키 전통 주전자로 만든다.

 메뉴명

- Turkish Coffee

 재료·기계 및 도구

- 제즈베(Cezve) : 커피 끓이는 포트
- 핀잔(Fincan) : 커피 잔
- 분쇄한 커피원두
- 로쿰(Lokum) : 과일향이 나는 젤리에 설탕 파우더를 입힌 것
- 물
- 설탕

 Recipe

- 물 : 120~180ml
- 설탕 : 30g
- 분쇄한 커피원두 : 60g
- 로쿰 : 4개

 만들기

① 제즈베에 물 120ml와 설탕 30g을 넣고 중불에서 끓인다.

② 물이 끓으면 제즈베를 불에 내려 에스프레소보다 곱게 분쇄된 커피원두 60g을 넣는다. 여기에 계피, 소두구, 육두구 등 원하는 향신료를 넣고 잘 저어주면서 녹인다.

③ 거품이 생길 때까지 천천히 끓인다. 끓기 시작하면 불에서 바로 내려 5~10초 정도 식힌다. 이렇게 반복을 3차례 반복하면 상당히 진하며 묵직한 바디감을 느낄 수 있다.

④ 우린 다음 준비한 핀잔 4개에 거품을 조금씩 담고 거품이 꺼지지 않도록 주의하면서 커피를 천천히 부어 완성한다. 물 한잔과 로쿰을 함께 낸다.

 tip

한 2분 정도 커피 파우더가 가라앉기를 기다렸다가 마신다. 핀잔 바닥에 커피 파우더가 보이기 시작하면 그만 마신다.

🫘 아라비아어에 기원을 두고 있는 제즈베(Cezve)는 불타는 장작을 의미, 일반적으로 제즈베와 이브릭을 혼동하고 있으나 이브릭은 커피 팟 또는 물병으로 액체를 끓이는 주전자는 아니다.

078

카이저 멜란지

• 오스트리아 커피, 달걀 노른자가 들어간다는 점에서 스칸디나비아식 커피와 유사하다.

 메뉴명

· Kaiser Melange

 재료·기계 및 도구

- · 에스프레소 머신
- · 보울
- · 에스프레소 원두

- · 달걀 노른자
- · 꿀

- · 휘핑 크림
- · 코냑

 Recipe

- · 에스프레소 : 1샷(추출량 : 25~30ml, 크레마 포함)
- · 달걀 노른자 : 1개
- · 꿀 : 5ml

- · 휘핑 크림 : 15ml
- · 코냑 : 30ml(1oz)

 만들기

① 잔 예열과 잔 받침 및 스푼을 세팅한다.

② 에스프레소 1샷(추출량 : 25~30ml, 크레마 포함)을 추출한다. 취향에 따라 코냑 30ml(1oz)를 준비한다.

③ 달걀을 깨트려 노른자만 걸러내어 컵에 담는다.

④ 바닥이 둥근 그릇(보울: Bowl)에 달걀 노른자 1개와 꿀 1티 스푼(5ml)을 첨가 한다. 바닥에 가라앉지 않도록 주의하면서 에스프레소 25~30ml(크레마 포함)를 넣어 잘 섞어 준다.

⑤ ④의 잔위에 휘핑 크림 15ml를 올려 완성한다.

🥄 보울(Bowl) : 반구형(半球形)의 요리용 그릇

🥄 오스트리아제국 프란츠 요제프(Franz Joseph, 1930~1916) 1세가 노른자에 설탕과 꼬냑, 약간의 우유를 커피에 섞어 마셨다고 알려져 있다.(카이저멜란지 커피, 커피지아)

더치 커피(점적식)

- 점적식의 경우 물과 만나는 접점이 넓어야 하므로 원두를 가늘게 분쇄해야 한다.
  더치 커피가 더 복잡하면서도 풍성한 맛을 낸다.

 메뉴명

· Dutch Coffee

 재료·기계 및 도구

· 그라인더	· 더치커피 추출기구	· 냉수
· 비커	· 원두	

 Recipe

- · 중 배전 또는 강 배전된 원두 : 50g   · 냉수 : 400ml

 만들기

① 중 배전 또는 강 배전된 원두를 분쇄한다. 비커와 추출 기구에 담아준다.

② 분쇄된 원두 파우더를 비커와 추출 기구에 담아준다.

③ 차가운 물 또는 얼음을 넣은 차가운 물이 중력에 의해 물방울이 되어 떨어진다.

④ 약 3~12시간 이상 물이 흘러내리면서 혹은 얼음이 녹으면서 커피를 추출한다.

⑤ 우려낸 커피 원액에 물을 희석하여 완성한다.

(https://www.dutch-coffee.nl/dutch-coffee-vs-cold-brew-coffee-2/)

🫘 Dutch Coffee : 상표명이기도 하며, 초콜릿과 깔루아, 아이리시 위스키와 커피를 섞은 커피 칵테일을 지칭하기도 한다.

에스프레소 비체린

• 비체린은 이탈리아 피에몬테 주의 전통 음료,
피에몬테는 헤이즐넛(개암)을 넣은 잔두야 초콜릿으로 유명한 지방이다.

 메뉴명

· Espresso Bicerin

 재료·기계 및 도구

· 에스프레소 머신
· 그라인더
· 에스프레소용 원두

· 휘핑 크림
· 분쇄된 헤이즐넛 초콜릿

 Recipe

· 에스프레소 : 1샷(추출량 : 25~30ml, 크레마 포함)
· 휘핑 크림 : 30ml

· 분쇄된 헤이즐넛 초콜릿 : 30g
· 설탕 : 5g

 만들기

① 잔 예열과 잔 받침 및 스푼을 세팅한다.
② 에스프레소 1샷(추출량 : 25~30ml, 크레마 포함)을 추출한다.
③ 에스프레소가 추출된 데미타스 잔에 설탕 5g을 넣고 휘핑 크림을 올린다.
④ 휘핑 크림 위에 분쇄한 헤이즐넛 초콜릿을 토핑하여 완성한다.

🫘 비체린 : 이탈리아 피에몬테어로 '작은 잔'을 뜻한다.

081

오곡 라떼

메뉴명

· Five Grains Latte

재료·기계 및 도구

· 스팀 피쳐
· 바 스푼
· 오곡 라떼 파우더

· 우유
· 아몬드

Recipe

· 오곡 라떼 파우더 : 20ml
· 우유 : 150~180ml

· 아몬드 : 적당량

만들기

① 잔에 오곡 라떼 파우더 20ml를 넣어준다.
② 우유를 스팀 피쳐에 150~180ml를 넣는다.
③ 우유 거품이 카페 라떼처럼 0.5~1cm 두께가 되도록 우유를 스티밍한다.
④ 데운 우유를 잔에 붓고 바 스푼(Bar Spoon)으로 잘 저어준다.
⑤ 음료 위에 아몬드 소량을 토핑하여 완성한다.

082

생 레 몬 티

 메뉴명

· Fresh Lemon Tea

 재료 · 기계 및 도구

· 착즙기
· 레몬
· 레몬 베이스

· 꿀
· 온수

 Recipe

· 레몬 : 1개
· 레몬 베이스 : 100ml

· 꿀 : 20ml
· 온수 : 200ml

 만들기

① 레몬 1개를 착즙해준다.

② 레몬 베이스 100ml를 넣어준다.

③ 꿀 20ml를 넣어준다.

④ 온수 200ml로 채워준 뒤 잘 저어준다.

⑤ 음료 위에 레몬 슬라이스 1개로 데코하여 완성한다.

🫖 레몬 베이스 만들기 : 레몬을 반으로 잘라 즙을 낸다. 레몬 즙과 흰 설탕과 물의 비율을 1:5:5로 하여 냄비에 넣은 후 설탕이 완전히 녹을 때까지 끓이면 레몬 베이스가 된다.

시트론 카페 로열

 메뉴명

· Citron Café Royal

 재료·기계 및 도구

· 에스프레소 머신
· 그라인더

· 에스프레소용 원두
· 레몬 껍질

· 포크
· 브랜디

 Recipe

· 에스프레소 : 2샷(추출량 :
50~60ml, 크레마 포함)

· 레몬 껍질 : 1개

· 브랜디 : 15ml

 만들기

① 에스프레소 2샷(추출량 : 50~60ml, 크레마 포함)을 추출한다.
② 추출한 에스프레소를 잔에 붓는다.
③ 사과처럼 깎은 레몬 껍질을 포크에 꿰어 컵 위에 들거나 걸쳐 놓는다.
④ 레몬 껍질에 브랜디 15ml를 붓고 불을 붙인 뒤 완성한다.

🫘 약간 어두운 곳에서 노란 레몬색과 파란 불꽃의 조화는 신비로운 분위기를 자아낸다. 카페 로열 변용 메뉴이다.

🫘 Citron : 커다랗고, 매우 울퉁불퉁한 레몬처럼 생겼다. 시트론에 대한 최초의 기록은 기원전 800년경, 인도 아유르베다 의학의 교본이라 할 수 있는 『바야사네이 삼히타(Vajasaneyi Samhita)』에 등장한다. 힌두교에서 부의 신인 쿠베라는 손에 시트론을 들고 있다. 오늘날에는 거의 껍질만을 사용한다. 설탕에 절여서 과자나 빵을 만드는 데에 쓴다.(『죽기 전에 꼭 먹어야 할 세계 음식 재료 1001』, 2009. 프랜시스 케이스)

녹차 프라페

메뉴명

· Green Tea Frappe

재료 · 기계 및 도구

· 빙삭기(블렌더)
· 우유

· 녹차 파우더
· 각 얼음

Recipe

· 우유 : 100ml
· 녹차 파우더 : 50ml

· 각 얼음 : 250g

만들기

① 빙삭기(블렌더)에 우유 100ml를 넣는다.
② 빙삭기에 녹차 파우더 50ml를 넣는다.
③ 얼음 250g을 넣는다.
④ 갈아준 뒤 아이스 음료용 잔에 담아 완성한다.

085

헤머 헤드

메뉴명

· Hammer Head

재료·기계 및 도구

- · 에스프레소 머신
- · 그라인더
- · 드리퍼
- · 드립 필터

- · 서버
- · 핸드 드립용 원두
- · 에스프레소용 원두

Recipe

· 에스프레소 : 2샷(추출량 : 50~60ml, 크레마 포함)   · 드립 추출 커피 : 60ml

만들기

① 잔 예열과 잔 받침 및 스푼을 세팅한다.

② 핸드드립용 원두를 분쇄하여 종이 필터를 이용하여 60ml를 추출한다.

③ 에스프레소 2샷(추출량 : 50~60ml, 크레마 포함)을 추출한다.

④ 드립 커피와 에스프레소를 1 : 1로 섞어 완성한다.

🫘 레드아이는 핸드드립 추출 커피를 200ml를 사용하나 헤머 헤드는 60ml를 사용한다.

🫘 카페 라 샤워(Caf'e La Shower) : 에스프레소와 드립 커피에 콜라를 섞어서 만드는 데 일명 '커피콜라' 라고도 불리우는 메뉴이다. 1 : 1의 비율로 콜라를 부어주면 완성된다.

하와이안 커피 후로스티

 메뉴명

· Hawian Coffee Frosty

 재료·기계 및 도구

· 에스프레소 머신
· 그라인더
· 빙삭기(블렌더)
· 스쿱

· 각 얼음
· 설탕 시럽
· 파인 주스
· 아이스크림

 Recipe

· 에스프레소 : 2샷(추출량 : 50~60ml, 크레마 포함)
· 각 얼음 : 250g
· 설탕 시럽 : 10ml

· 파인 주스 : 50ml
· 아이스크림 : 1 스쿱
· 생 파인애플 : 반쪽

 만들기

① 에스프레소 2샷(추출량 : 50~60ml, 크레마 포함)을 추출한다.
② 빙삭기(블렌더)에 얼음 250g, 설탕 시럽10ml, 추출한 에스프레소 2샷, 파인 주스 50ml 및 아이스크림을 차례대로 넣는다.
③ 빙삭기로 간 뒤 잔에 담아준다. 글라스 테두리에 장식하여 완성한다.

🫘 아이스 커피와 파인의 향이 조화를 이룬 커피로, 생 파인의 반쪽을 글라스 가장자리에 장식하는 메뉴이다.

허니 카페 라떼

메뉴명

· Honey Cafè Latte

재료·기계 및 도구

· 에스프레소 머신   · 꿀
· 그라인더   · 우유
· 스팀 피쳐

Recipe

· 에스프레소 : 1샷(추출량 : 25~30ml, 크레마 포함)   · 꿀 : 20ml
· 우유 : 250ml

만들기

① 잔 예열과 잔 받침 및 스푼을 세팅한다.
② 잔에 꿀 20ml를 넣어준다.
③ 우유 250ml를 스팀 피쳐에 붓고 스티밍한다.
④ 먼저 우유 거품을 얹은 다음 우유를 살며시 부어준다.
⑤ 그 위에 에스프레소 1샷(추출량 : 25~30ml, 크레마 포함)을 살며시 부어 완성한다.
⑥ 꿀, 우유, 커피, 거품의 4층으로 되어야 한다.

허니 커피

메뉴명

· Honey Coffee

재료 · 기계 및 도구

· 에스프레소 머신   · 벌꿀
· 그라인더   · 온수

Recipe

· 에스프레소 : 1샷(추출량 : 25~30ml, 크레마 포함)   · 온수 : 250ml
· 벌꿀 : 20ml

만들기

① 잔 예열과 잔 받침 및 스푼을 세팅한다.
② 에스프레소 1샷(추출량 : 25~30ml, 크레마 포함)을 추출한다.
③ 준비된 잔에 벌꿀 20ml를 넣어준다.
④ 온수 250ml를 넣고 잘 저어 완성한다.

설탕 대신에 벌꿀을 이용한 커피로서, 은은한 꽃향기가 배어 나와서 색다른 조화를 느낄 수 있는 메뉴이다.

커피 젤리

메뉴명

· Coffee Jelly

재료·기계 및 도구

- · 에스프레소 머신
- · 그라인더
- · 컵

- · 국자
- · 모형 틀
- · 에스프레소용 원두

- · 젤라틴(또는 판 젤라틴)
- · 냉수
- · 얼음

Recipe

- · 에스프레소 : 2샷(추출량 : 50~60ml, 크레마 포함)
- · 젤라틴(또는 판 젤라틴) : 3장
- · 설탕 : 5g
- · 냉수 : 적당량
- · 얼음 : 적당량

만들기

① 에스프레소 2샷(추출량 : 50~60ml, 크레마 포함)을 추출한 다음, 설탕 5g을 넣는다.

② 컵에 젤라틴과 냉수에 넣고 섞은 뒤 3분간 방치한다.(판 젤라틴은 온수에 불리면 녹는다.)

③ 젤라틴에 추출한 에스프레소를 부어 잘 섞은 다음, 체로 걸러 얼음 위에서 저으면서 냉각시킨다.(냉장고에서는 4~5시간)

④ 국자로 원하는 모형 틀에 부어 젤리를 만들어 완성한다.

유리 글라스를 사용해야 시각적 효과를 얻을 수 있으며 봄과 가을에 어울리는 메뉴이다. 완성된 커피 젤리는 그대로 숟가락으로 퍼먹어도 되지만 크리머나 검 시럽, 연유 등을 뿌려 먹으면 좋다.

민트 초콜릿(초코) 프라페

 메뉴명

· Mint Chocolate(Choco) Frappe

 재료·기계 및 도구

· 빙삭기(블렌더)
· 아이스 음료용 잔
· 민트 초콜릿 파우더

· 초콜릿 소스
· 우유
· 각 얼음

 Recipe

· 민트 초콜릿 파우더 : 40g
· 초콜릿 소스 : 20ml

· 우유 : 120ml
· 각 얼음 : 250g

 만들기

① 빙삭기(블렌더)에 민트 초콜릿 파우더 40g을 넣는다.

② 초콜릿 소스 20ml를 넣는다.

③ 우유 120ml를 붓고 바 스푼으로 잘 섞어 준다.

④ 각 얼음 250g을 넣는다.

⑤ 빙삭기로 잘 갈아준 뒤 아이스 음료용 잔에 담아 완성한다.

🍵 프라푸치노(Frappuccino) : 스타벅스에서 판매되는 차가운 음료의 종류와 상품명, 프라페와 카푸치노에서 만든 조어로 상표등록이 되어 있다.

091

레몬 요거트 스무디

 메뉴명

· Lemon Yogurt Smoothie

 재료·기계 및 도구

- · 빙삭기(블렌더)
- · 아이스 음료용 잔
- · 레몬 베이스

- · 요거트 파우더
- · 우유
- · 얼음

 Recipe

- · 레몬 베이스 : 130ml
- · 요거트 파우더 : 40ml

- · 우유 : 100ml
- · 얼음 : 250ml

 만들기

① 빙삭기(블렌더)에 레몬 베이스 130ml를 넣어준다.

② 요거트 파우더 40ml를 넣어준다.

③ 우유 100ml를 넣어준다.

④ 얼음 250ml를 넣어준다.

⑤ 잘 갈아준다.

⑥ 아이스 음료용 잔에 담아주고 레몬 슬라이스 1개로 데코한 뒤 완성한다.

092

홍차 라떼

메뉴명

· Milk Tea

재료·기계 및 도구

· 스팀 피쳐　　　　　　　　　　　　· 우유
· 홍차 파우더

Recipe

· 홍차 파우더 : 30ml　　　　　　　　· 우유 : 250ml

만들기

① 잔 예열과 잔 받침 및 스푼을 세팅한다.
② 홍차 파우더 30ml를 넣어준다.
③ 스팀 피쳐에 우유 250ml를 넣고 스티밍한다.
④ 데운 우유를 붓고 잘 저어 완성한다.

영국에서 발전한 홍차의 음용법의 하나이다. 이와 유사한 밀크티로 인도식 차이, 일본에서 인도의 차이(Chai)를 변형해서
우유를 조금 더 넣고 만든 로열 밀크티와 몽골식 밀크티로 설탕 대신 소금을 넣는 수테차(몽골 전통차)가 있다.

민트 카페 모카

- 카페 모카와 동일한 방법으로 만든다.

다만 파우더를 넣지 않고 민트 시럽을 넣은 메뉴

 메뉴명

· Mint Caffè Mocha

 재료·기계 및 도구

- 에스프레소 머신
- 그라인더
- 피쳐

- 에스프레소용 원두
- 우유
- 초콜릿 소스

- 민트 시럽(Mint Syrup)
- 휘핑 크림

 Recipe

- 에스프레소 : 1샷(추출량 : 25~30ml, 크레마 포함)
- 초콜릿 소스 : 15ml
- 민트 시럽 : 10ml
- 데운 우유 : 100ml
- 휘핑 크림 : 적당량

 만들기

① 잔 예열과 잔 받침 및 스푼을 세팅한다.

② 에스프레소 1샷(추출량 : 25~30ml, 크레마 포함)을 추출한다.

③ 잔에 초콜릿 소스 15ml와 민트 시럽 10ml을 넣는다.

④ 에스프레소 1샷을 넣고 바 스푼으로 잘 저어준다.

⑤ 우유를 스티밍하여 데운 우유 100ml를 넣는다.

⑥ 휘핑 크림을 올린다.

⑦ 민트 시럽으로 드리즐하여 완성한다.

094

콜드 브루 커피(침출식)

- 침출식의 경우 원두를 가늘게 분쇄할 필요가 없다.
상온이나 차가운 물로 장시간 우려내며 대량 생산이 가능

 메뉴명

- Cold Brew Coffee
- Water Drip

 재료 · 기계 및 도구

- 중 배전 또는 강 배전된 원두
- 비커
- 그라인더
- 냉수

 Recipe

- 중 배전 또는 강 배전된 원두 : 100g
- 냉수 : 1,000ml

 만들기

① 중 배전 또는 강 배전된 원두 100g을 분쇄한다.

② 분쇄된 원두 파우더를 추출한 컵이나 비커에 담아준다.

③ 원두와 냉수 1 : 10의 비율로 물 1,000ml을 부어준다.

④ 약 10~24시간 정도 원두를 냉수로 우려낸다.

⑤ 우려낸 커피 원액에 물을 희석하여 완성한다.

 tip

콜드 브루는 더치 커피처럼 깔끔하지 않고 상대적으로 탁한 편이다.

095

레드 아이

- 밤새 일해서 눈이 빨갛게 된 채 다량의 카페인(Extra Caffeine)을 섭취하는 것에서 유래한다.

메뉴명

· Red Eye

재료·기계 및 도구

- · 에스프레소 머신
- · 그라인더
- · 프렌치프레스

- · 서버
- · 드립 포트
- · 드리퍼

- · 종이 필터
- · 에스프레소용 원두
- · 핸드드립용 원두

Recipe

- · 에스프레소 : 2샷(추출량 : 50~60ml, 크레마 포함)
- · 핸드드립 추출커피 또는 프렌치프레스 추출커피 : 200ml

만들기

① 잔 예열과 잔 받침 및 티 스푼을 세팅한다.

② 에스프레소 2샷(추출량 : 50~60ml, 크레마 포함)을 추출한다.

③ 중 배전한 핸드드립용 원두를 분쇄하여 종이 필터를 이용하여 200ml를 추출한다.

④ 예열된 잔에 ③의 추출 커피 200ml를 넣고 ②의 에스프레소 2샷을 부어 완성한다.

🫘 글라스에 얼음과 보드카와 토마토 주스로 만들어지는 레드 아이 칵테일이 있다.

096

모카치노

- 카푸치노에 초콜릿 소스를 넣은 메뉴

 메뉴명

· Mochaccino

 재료 · 기계 및 도구

- · 에스프레소 머신
- · 그라인더
- · 피쳐
- · 에스프레소용 원두

- · 우유
- · 초콜릿 소스
- · 초콜릿 파우더
- · 시나몬 파우더

 Recipe

- · 에스프레소 : 1샷(추출량 : 25~30ml, 크레마 포함)
- · 초콜릿 소스 : 15ml
- · 데운 우유와 우유 거품 : 150ml

- · 초콜릿 파우더 : 적당량
- · 시나몬 파우더 : 적당량

 만들기

① 잔 예열과 잔 받침 및 스푼을 세팅한다.
② 에스프레소 1샷(추출량 : 25~30ml, 크레마 포함)을 추출한다.
③ 잔에 초콜릿 소스 15ml를 넣는다.
④ 에스프레소 1샷을 넣고 바 스푼으로 잘 저어준다.
⑤ 우유를 스티밍하여 데운 우유와 우유 거품 150ml를 넣는다.
⑥ 초콜릿 파우더나 시나몬 파우더를 뿌려 완성한다.

097

오렌지 카푸치노

메뉴명

· Orange Cappuccino

재료·기계 및 도구

· 에스프레소 머신
· 그라인더
· 스팀피쳐

· 코인트로(Cointreau) 또는
  오렌지 시럽
· 우유

· 오렌지 슬라이스
· 시나몬 파우더

Recipe

· 에스프레소 : 1샷(추출량 : 25~30ml, 크레마 포함)
· 코인트로 : 30ml 또는 오렌지 시럽 30ml
· 우유 : 120~150ml

· 오렌지 슬라이스 : 1개
· 시나몬 파우더 : 소량

만들기

① 에스프레소 1샷(추출량 : 25~30ml, 크레마 포함)
   을 추출한다.
② 준비된 잔에 코인트로 또는 오렌지 시럽과 추출
   한 에스프레소를 넣는다.
③ 우유 120~150ml를 스팀 피쳐에 붓고 드라이 카

푸치노 스타일의 거품을 낸다.
④ 재료가 섞이지 않게 데운 우유와 우유 거품을 부
   어준다.
⑤ 오렌지 슬라이스를 얹고 시나몬 파우더를 토핑하
   여 완성한다.

🫘 코인트로(Cointreau) : 1849 프랑스의 르와르에서 탄생한 천연 오렌지 껍질만을 100% 사용해서 만든 화이트 큐라소 계열의 술로써 뛰어난 향기가 일품이다.

🫘 오렌지 시럽 만들기 : 오렌지 껍질을 벗기고 착즙하여 설탕과 2 : 1의 비율로 약한 불로 약 20분간 조리고 식혀주면 완성된다.

098

아이스 복숭아 티

메뉴명

· Iced Peach Tea

재료·기계 및 도구

· 아이스 음료용 잔
· 복숭아 베이스

· 냉수
· 각 얼음

Recipe

· 복숭아 베이스 : 100ml
· 냉수 : 150ml

· 각 얼음 : 7~8개

만들기

① 아이스 음료용 잔에 복숭아 베이스 100ml를 넣어준다.
② 냉수 150ml를 넣고 잘 저어준다.
③ 각 얼음 7~8개를 넣어 완성한다.

플레인 요거트 스무디

메뉴명

· Plain Yogurt Smoothies

재료·기계 및 도구

· 빙삭기(블렌더)
· 아이스 음료용 잔
· 우유

· 요거트 파우더
· 각 얼음

Recipe

· 우유 : 150ml
· 요거트 파우더 : 60ml

· 각 얼음 : 7~8개

만들기

① 빙삭기(블렌더)에 우유 150ml를 넣는다.
② 빙삭기에 요거트 파우더 60ml와 각 얼음 7~8개를 넣는다.
③ 빙삭기 뚜껑을 덮고 잘 갈아준다.
④ 잘 갈렸는지 확인한 뒤 준비된 아이스 음료용 잔에 담아 완성한다.

100

석류 에이드

메뉴명

· Pomegranate Ade

재료·기계 및 도구

- · 아이스 음료용 잔
- · 홍초

- · 얼음
- · 사이다

Recipe

- · 홍초 : 100ml
- · 각 얼음 : 7~8개

- · 사이다 : 1캔

만들기

① 아이스 음료용 잔에 홍초 100ml를 넣어준다.

② 각 얼음을 잔에 채운다.

③ 사이다 1캔을 넣어 완성한다.

석류 밀크

 메뉴명

· Pomegranate Milk

 재료·기계 및 도구

· 아이스 음료용 잔
· 홍초

· 각 얼음
· 우유

 Recipe

· 홍초 : 100ml
· 각 얼음 : 7~8개

· 우유 : 150ml

 만들기

① 아이스 음료용 잔에 홍초 100ml를 넣어준다.
② 각 얼음을 잔에 채운다.
③ 우유 150ml를 넣어준 뒤 완성한다.

🫘 홍초는 석류, 자색 고구마, 오미자 등 붉은 빛을 띄는 과실을 담가 만든 제품, 마시기 편한 건강 식초 음료.

민트 초콜릿(초코) 라떼

메뉴명

· Mint Chocolate Latte

재료·기계 및 도구

- · 에스프레소 머신
- · 그라인더
- · 피쳐

- · 에스프레소용 원두
- · 바 스푼(Bar Spoon)
- · 민트 초콜릿 파우더

- · 민트(Mint)
- · 우유

Recipe

- · 에스프레소 : 1샷(추출량 : 25~30ml, 크레마 포함)
- · 민트 초콜릿 파우더 : 30g

- · 데운 우유 : 200ml
- · 민트(Mint) : 한 잎 조각

만들기

① 잔 예열과 잔 받침 및 스푼을 세팅 한다.

② 에스프레소 1샷(추출량 : 25~30ml, 크레마 포함)을 추출 한다.

③ 준비된 잔에 민트 초콜릿 파우더 30g을 넣는다.

④ ③의 잔에 에스프레소 1샷을 넣고 바 스푼으로 잘 저어준다.

⑤ 우유 150ml을 스티밍한다.

⑥ 민트(Mint)로 장식하고 완성한다.

tip

기호에 따라 에스프레소 대신 리스트레토 2샷(50~60ml)을 넣기도 하며, 민트 초콜릿 파우더를 줄이고 초콜릿 소스를 같이 넣기도 한다.

🫘 민트(Mint) : 강한 향을 가진 식물로 박하나 스피어 민트 등이 대표적이다.

스칸디나비아식 커피

메뉴명

· Scandinavian Coffee

재료·기계 및 도구

· 그라인더   · 원두
· 소스 팬   · 달걀
· 촘촘한 체   · 물

Recipe

· 굵게 분쇄한 원두 : 30g   · 냉수 : 580ml
· 달걀 : 1/2개

만들기

① 머그 잔 예열과 스푼을 세팅한다.

② 보올에 굵게 분쇄한 원두 30g과 달걀 1/2개 그리고 물 30ml를 넣어 잘 갠다.

③ 소스 팬에 물 500ml를 붓고 불에 올린다. 물이 끓으면 ②를 넣고 천천히 저어준다.

④ 끓기 시작하면 3분간 더 끓인 다음에 불에서 내린다. 여기에 물 50ml를 더 붓고 건더기가 바닥에 가라앉을 때
   까지 기다린다.

⑤ 촘촘한 체를 사이에 대고 커피를 준비한 잔에 담아 완성한다.

출처 : 최가영 역, 아네트 몰배르 저, 『커피 중독, "원두 산지별 특징과 바리스타의 테크닉, 100여 가지 레시피 공개, Coffee Obsession"』, p. 167.

스파이스 커피 레모네이드

 메뉴명

· Spiced Coffee Lemonade

 재료 · 기계 및 도구

· 에스프레소 머신
· 그라인더
· 올 스파이스(All Spice)

· 레몬즙
· 설탕
· 레몬 슬라이스

 Recipe

· 에스프레소 : 1샷(추출량 : 25~30ml, 크레마 포함)
· 올 스파이스 : 적당량
· 레몬즙 : 적당량

· 설탕 : 5g
· 레몬 슬라이스 : 1개

 만들기

① 잔 예열과 잔 받침 및 스푼을 세팅한다.
② 올 스파이스를 넣고 에스프레소 1샷(추출량 : 25~30ml, 크레마 포함)을 추출한다.
③ 잔에 레몬즙과 설탕 그리고 추출한 에스프레소를 넣는다.
④ 완성된 음료 위에 껍질 벗긴 레몬 슬라이스를 장식하여 완성한다.

올스파이스는 서인도산 Pimento(쟈마이카 후추)의 열매이며 후추 · 계피 · 정향 및 육두구(Nutmeg)를 섞은 것 같은 향기가 나기 때문에 올스파이스라고 한다. 특히 소스 · 소시지 · 피클 · 수프 같은 데 많이 쓴다.(김진, 이광일, 우희섭, 김윤성, 『조리용어사전』, 광문각, 2007.)

스트림 오브 라인

메뉴명

· Stream of Rhine

재료·기계 및 도구

- · 에스프레소 머신
- · 그라인더
- · 글라스
- · 진(Gin)

- · 냉수
- · 설탕 시럽
- · 레몬즙
- · 각 얼음

- · 과일(제철에 나는 신선한 여러 가지 과일)

Recipe

- · 에스프레소 : 1샷(추출량 : 25~30ml, 크레마 포함)
- · 진 : 15ml

- · 냉수 : 120ml
- · 설탕 시럽 : 10ml
- · 레몬즙 : 5ml

- · 각 얼음 : 4~5개
- · 과일 : 1cm 정도의 정사각형 모양

만들기

① 에스프레소 1샷(추출량 : 25~30ml, 크레마 포함)을 추출한다.
② 글라스에 추출한 에스프레소 1샷을 넣고 냉수 120ml를 희석한다.
③ 과일(제철에 나는 신선한 여러 가지 과일)을 1cm 정도의 정사각형으로 썬다.

④ 글라스에 커피와 과일, 설탕 시럽 10ml, 레몬즙 5ml를 넣는다.
⑤ 얼음 4~5개를 넣어 띄운다.
⑥ 글라스 밑에서부터 저어가면서 마시도록 권유한다.

tip

목이 긴 글라스를 사용하는 것이 좋다.

 로렐라이로부터 시작하는 갖가지 전설을 간직한 라인강의 고요한 흐름을 표현하려 했다는 이채로운 커피로, 진을 가하여 맛을 돋운다. 진과 과일을 넣어 화채의 느낌이 나게 하는 커피로, 손님을 초대했을 때 특이하게 내놓을 수 있는 메뉴이다.

고구마 라떼

메뉴명

· Sweet Potato Latte

재료·기계 및 도구

· 고구마 페이스트
· 스팀 피쳐

· 우유
· 아몬드 슬라이스

Recipe

· 고구마 페이스트 : 75ml
· 우유 : 250ml

· 아몬드 슬라이스 : 적당량

만들기

① 잔 예열과 잔 받침 및 스푼을 세팅한다.
② 고구마 페이스트 75ml를 잔에 넣는다.
③ 스팀 피쳐에 우유 250ml를 넣고 스티밍한다.
④ 데운 우유를 잔에 부어가면서 고구마 페이스트가 잘 섞이도록 저어준다.
⑤ ④의 음료 위에 아몬드 슬라이스 적당량을 토핑하여 완성한다.

토피넛 라떼

 메뉴명

· Toffee Nut Latte

 재료·기계 및 도구

- · 에스프레소 머신
- · 그라인더
- · 스팀 피쳐
- · 토피넛 파우더
- · 우유

 Recipe

- · 에스프레소 : 1샷(추출량 : 25~30ml, 크레마 포함)
- · 우유 : 250ml
- · 토피넛 파우더 : 30ml

 만들기

① 잔 예열과 잔 받침 및 스푼을 세팅한다.

② 에스프레소 1샷(추출량 : 25~30ml, 크레마 포함)을 추출한다.

③ 준비된 잔에 추출한 에스프레소와 토피넛 파우더 30ml을 넣고 잘 저어준다.

④ 우유 250ml을 스팀 피쳐에 붓고 스티밍한다.

⑤ ③에 데운 우유를 넣고 잘 저어 완성한다.

🍩 토피넛은 토피(Toffee)와 견과류(Nut)의 합성어, 토피(설탕과 버터 등을 혼합해 만든 디저트)에 아몬드·호두 등 견과류를 혼합한 것. 영국의 전통간식

화이트 카페 모카

메뉴명

· White Café Mocha

재료·기계 및 도구

· 에스프레소 머신
· 그라인더
· 스팀 피쳐

· 화이트 초콜릿 소스
· 우유

Recipe

· 에스프레소 : 1샷(추출량 : 25~30ml, 크레마 포함)
· 화이트 초콜릿 소스 : 40ml

· 우유 : 120~150ml

만들기

① 잔 예열과 잔 받침 및 스푼을 세팅한다.

② 에스프레소 1샷(추출량 : 25~30ml, 크레마 포함)을 추출한다.

③ ②의 잔에 화이트 초콜릿 소스 40ml를 넣는다.

④ 우유 120~150ml를 스팀 피쳐에 붓고 스티밍한다.

⑤ 데운 우유를 넣고 잘 저어준다.

⑥ 우유 거품을 올려주고 완성한다.

비엔나 프레이버

 메뉴명

· Vienna flavor

 재료·기계 및 도구

· 에스프레소 머신
· 그라인더
· 헤이즐넛 시럽
· 바닐라 시럽

· 온수
· 휘핑 크림
· 시나몬 파우더
· 초콜릿 파우더

 Recipe

· 에스프레소 : 1샷(추출량 : 25~30ml, 크레마 포함)
· 헤이즐넛 시럽 : 10ml
· 바닐라 시럽 : 10ml
· 온수 : 30ml

· 휘핑 크림 : 적당량
· 시나몬 파우더 : 소량
· 초콜릿 파우더 : 소량

 만들기

① 잔 예열과 잔 받침 및 스푼을 세팅한다.
② 에스프레소 1샷(추출량 : 25~30ml, 크레마 포함)을 추출한다.
③ 준비된 잔에 에스프레소 1샷과 헤이즐넛 시럽 10ml, 바닐라 시럽 10ml를 넣는다.
④ 온수를 에스프레소와 1 : 1 비율인 25~30m를 붓는다.
⑤ ④의 잔에 휘핑 크림을 올린다.
⑥ 시나몬 파우더나 초콜릿 파우더로 토핑하여 완성한다.

110

서인도제도 커피

 메뉴명

· West Indies Coffee

 재료·기계 및 도구

· 드리퍼
· 드립 필터
· 서버
· 핸드드립용 원두

· 우유
· 황설탕
· 소금 약간

 Recipe

· 핸드드립 추출 커피 : 100ml
· 우유 : 100ml

· 황설탕 : 5g
· 소금 : 적당량

 만들기

① 잔 예열과 잔 받침 및 스푼을 세팅한다.
② 핸드드립 추출커피 200ml를 준비한다.
③ 우유 200ml를 스티밍한다.
④ 준비된 잔에 추출한 커피와 데운 우유를 붓는다.
⑤ 황설탕 5g과 소금 적당량을 잔에 넣고 저어 완성한다.

다크 초콜릿(초코)칩 쉐이크

메뉴명

· Dark Chocolate(Choco)Chip Shake

재료·기계 및 도구

- 빙삭기(블렌더)
- 아이스 음료용 잔
- 초콜릿 파우더
- 초콜릿 소스
- 초콜릿 칩
- 휘핑 크림
- 각 얼음

Recipe

- 우유 : 100ml
- 초콜릿 파우더 : 20ml
- 초콜릿 소스 : 40ml
- 초콜릿 칩 : 10ml
- 휘핑 크림 : 적당량
- 각 얼음 : 250g

만들기

① 빙삭기(블렌더)에 우유 100ml를 넣는다.

② 빙삭기에 초콜릿 파우더 20ml, 초콜릿 소스 40ml를 넣는다.

③ 빙삭기에 초콜릿 칩 10ml를 넣는다.

④ 빙삭기에 각 얼음을 한 컵(250g) 넣는다.

⑤ 빙삭기를 작동시킨다.(이때 초콜릿 칩이 완전히 갈리지 않도록 적당히 갈아졌을 때 정지한다.)

⑥ 완성된 음료를 아이스 음료용 잔에 담는다.

⑦ 휘핑 크림을 적당량 올려준다.

⑧ 음료 위에 초콜릿 칩 소량과 초콜릿 소스로 드리즐 해준 뒤 완성한다.

Index

Index

Index

Index

111가지 카페메뉴 레시피

초판 1쇄 인쇄 2019년 6월 10일
초판 1쇄 발행 2019년 6월 15일

지은이   조 영 대
펴낸이   임 순 재

펴낸곳   (주) 한올출판사 부설연구소
등 록   제11-403호
주 소   서울특별시 마포구 모래내로 83(한올빌딩 3층)
전 화   (02)376-4298(대표)
팩 스   (02)302-8073
홈페이지 www.hanol.co.kr
e-메일   hanol@hanol.co.kr

ISBN 979-11-5685-778-5